高等职业教育机械专业系列教材

AutoCAD2013 中文版实用教程

主　编　魏光清　关天富　黄峻峰
副主编　夏罗生　刘一杨　刘　磊
　　　　朱　钰　邓玉梅
参　编　王雪梅　姬　川　张　岩
　　　　李　贞

南京大学出版社

图书在版编目(CIP)数据

AutoCAD2013中文版实用教程 / 魏光清,关天富,黄峻峰主编. — 南京：南京大学出版社,2014.8(2021.1重印)
ISBN 978-7-305-13581-1

Ⅰ.①A… Ⅱ.①魏… ②关… ③黄… Ⅲ.①AutoCAD软件－高等职业教育－教材 Ⅳ.①TP391.72

中国版本图书馆CIP数据核字(2014)第157942号

出版发行	南京大学出版社		
社　　址	南京市汉口路22号	邮　编	210093
出 版 人	金鑫荣		

丛 书 名	高职高专"十二五"规划教材·机械专业系列	
书　　名	AutoCAD 2013中文版实用教程	
主　　编	魏光清　关天富　黄峻峰	
责任编辑	陈兰兰　蔡文彬	编辑热线　025-83597482
照　　排	南京南琳图文制作有限公司	
印　　刷	广东虎彩云印刷有限公司	
开　　本	787×1092　1/16　印张14　字数341千	
版　　次	2014年8月第1版　2021年1月第6次印刷	
ISBN 978-7-305-13581-1		
定　　价	35.00元	

网址：http://www.njupco.com
官方微博：http://weibo.com/njupco
官方微信号：njupress
销售咨询热线：(025) 83594756

* 版权所有,侵权必究
* 凡购买南大版图书,如有印装质量问题,请与所购
　图书销售部门联系调换

前　言

AutoCAD(Auto Computer Aided Design)是美国 Autodesk 公司于 1982 年首次生产的自动计算机辅助设计软件,用于二维绘图、详细绘制、设计文档和基本三维设计。现已经成为国际上广为流行的绘图工具。AutoCAD 具有良好的用户界面,通过交互菜单或命令行方式便可以进行各种操作。它的多文档设计环境让非计算机专业人员也能很快地学会使用,并在不断实践的过程中更好地掌握它的各种应用和开发技巧,从而不断提高工作效率。

为了帮助广大学生和工程技术人员尽快掌握 AutoCAD2013 的使用方法,本书以通俗的语言,大量大插图和实例,由浅入深地详细讲解了 AutoCAD 软件的强大功能和 Auto-CAD2013 的新增功能。本书的主要特点:

(1)初学者无需先学 AutoCAD 的低版本,可以直接进入 AutoCAD2013 的学习。因为 AutoCAD2013 完全克服了低版本的不足之处。本书是以 AutoCAD2013 为基础展开的。

(2)本书突出实用性,以实例介绍了 AutoCAD2013 绘制机械和建筑图样的功能,讲解中配有大量的图例和详细步骤,并在每一章节后面安排了相应的上机练习和指导,使其内容更易操作和掌握。

(3)本书考虑了内容的系统性,结构安排合理,适合于理论课和上机操作的交叉进行。根据学生特点,讲解循序渐进,知识点逐渐展开,利于读者理解书中内容。

本书共分 9 章,第 1 章介绍 AutoCAD 的基础知识;第 2 章介绍绘制二维图形及注写文本;第 3 章介绍二维图形的编辑方法;第 4 章介绍图层、线型、线宽、颜色的概念和设置;第 5 章介绍图块的创建与使用;第 6 章介绍图形显示控制与辅助绘图;第 7 章介绍尺寸、标注方法;第 8 章介绍三维模型的建立;第 9 章介绍图形文件的输出。本书既能满足初学者的要求,又能使有一定基础的用户快速掌握 AutoCAD2013 新增功能的使用技巧。

本书由重庆三峡职业学院魏光清、广东工贸职业技术学院关天富、咸宁职业技术学院黄峻峰担任主编,张家界航空工业职业技术学院夏罗生、郑州财经学院刘一扬、武汉交通职业技术学院刘磊、郑州工业安全职业学院朱钰、咸宁职业技术学院邓玉梅担任副主编,参加编书的作者还有郑州财经学院王雪梅、郑州工业贸易学校姬川、平顶山工业职业技术学院张岩和李贞。

由于编者水平有限,书中疏漏之处难免,欢迎读者对本书提出宝贵意见和建议。

编者

目 录

第 1 章　AutoCAD 的基本知识 ··· 1
　1.1　AutoCAD 的主要功能 ··· 1
　1.2　启动 AutoCAD 2013 中文版 ··· 2
　　1.2.1　启动 AutoCAD 2013 的方法 ·· 2
　　1.2.2　【启动】对话框的操作 ·· 2
　1.3　AutoCAD 2013 的窗口界面 ·· 5
　1.4　文件的管理 ·· 8
　　1.4.1　新建图形文件 ·· 8
　　1.4.2　打开图形文件 ·· 9
　　1.4.3　保存图形文件 ·· 10
　1.5　命令的输入与结束 ··· 11
　1.6　退出 AutoCAD ··· 12
　1.7　上机实践 ·· 12

第 2 章　绘制二维图形及注写文本 ··· 14
　2.1　【绘图】下拉菜单及工具栏 ··· 14
　2.2　辅助绘图工具 ·· 15
　　2.2.1　对象捕捉 ·· 15
　　2.2.2　自动追踪 ·· 17
　　2.2.3　正交 ·· 19
　　2.2.4　动态输入【DYN】 ·· 19
　2.3　绘制直线类对象 ··· 21
　　2.3.1　绘制直线 ·· 21
　　2.3.2　绘制射线 ·· 21
　　2.3.3　绘制构造线 ··· 22
　　2.3.4　绘制多线 ·· 22
　　2.3.5　绘制多段线 ··· 24
　2.4　绘制圆弧类对象 ··· 25
　　2.4.1　绘制圆弧 ·· 27
　　2.4.2　绘制圆环 ·· 29
　　2.4.3　绘制椭圆 ·· 30
　　2.4.4　绘制椭圆弧 ··· 30
　2.5　绘制多边形和点 ··· 30
　　2.5.1　绘制矩形 ·· 31
　　2.5.2　绘制正多边形 ·· 31

2.5.3 绘制点 ·· 32
 2.6 绘制样条曲线 ·· 33
   2.6.1 绘制样条曲线 ·· 33
 2.7 注写文本 ·· 34
   2.7.1 缺省文字样式 ·· 34
   2.7.2 定义和修改文字样式 ·· 35
   2.7.3 注写单行文字 ·· 36
   2.7.4 注写多行文字 ·· 37
   2.7.5 右键快捷菜单 ·· 39
 2.8 图案填充 ·· 40
   2.8.1 填充操作 ·· 40
   2.8.2 确定填充图案 ·· 41
   2.8.3 确定填充区域 ·· 42
   2.8.4 确定图案填充方式 ·· 43
 2.9 上机实践 ·· 44

第3章 二维图形的编辑方法 ·· 46
 3.1 【修改】下拉菜单及工具栏 ·· 46
   3.1.1 【修改】下拉菜单 ·· 46
   3.2.2 【修改】工具栏 ·· 46
 3.2 构造选择集及快速选取对象 ·· 47
   3.2.1 构造选择集 ·· 47
   3.2.2 快速选择对象 ·· 48
   3.2.3 循环选择对象 ·· 49
 3.3 使用夹点进行编辑 ·· 49
   3.3.1 夹点概念 ·· 50
   3.3.2 使用夹点进行编辑 ·· 50
 3.4 删除与取消的使用 ·· 51
   3.4.1 删除 ·· 51
   3.4.2 取消 ·· 51
 3.5 调整对象位置 ·· 52
   3.5.1 移动 ·· 52
   3.5.2 对齐 ·· 53
   3.5.3 旋转 ·· 53
 3.6 利用一个对象生成多个对象 ·· 55
   3.6.1 复制 ·· 55
   3.6.2 镜像 ·· 56
   3.6.3 阵列 ·· 57
   3.6.4 偏移 ·· 58
 3.7 调整与修改对象尺寸 ·· 59

     3.7.1 缩放 …………………………………………………………………………… 59
     3.7.2 延伸 …………………………………………………………………………… 60
     3.7.3 拉伸 …………………………………………………………………………… 60
     3.7.4 拉长 …………………………………………………………………………… 61
     3.7.5 修剪 …………………………………………………………………………… 62
  3.8 倒角及倒圆角 ………………………………………………………………………… 62
     3.8.1 倒角 …………………………………………………………………………… 62
     3.8.2 倒圆角 ………………………………………………………………………… 63
  3.9 编辑多线段、多线和样条曲线 ……………………………………………………… 64
     3.9.1 编辑多线段 …………………………………………………………………… 64
     3.9.2 编辑多线 ……………………………………………………………………… 66
     3.9.3 编辑样条曲线 ………………………………………………………………… 66
  3.10 编辑文本 …………………………………………………………………………… 68
     3.10.1 修改文字 ……………………………………………………………………… 68
     3.10.2 修改文字特性 ………………………………………………………………… 69

第4章 图层、线型、线宽、颜色 ……………………………………………………………… 72
  4.1 设置绘图环境 ………………………………………………………………………… 72
     4.1.1 常用的系统设置 ……………………………………………………………… 72
  4.2 图层设置 ……………………………………………………………………………… 75
     4.2.1 图层设置方法 ………………………………………………………………… 75
     4.2.2 线型设置和管理 ……………………………………………………………… 78
     4.2.3 线宽设置和管理 ……………………………………………………………… 80
     4.2.4 设置线型颜色 ………………………………………………………………… 80
  4.3 GB/T 18229—2000 机械工程 CAD 制图规则 …………………………………… 82
  4.4 上机实践 ……………………………………………………………………………… 82
     4.4.1 打开样本文件 A4-1,设置绘图环境,建立符合标准的系列图层 ………… 82
     4.4.2 按徒手绘图的步骤 1:1 抄绘齿轮视图 ……………………………………… 83

第5章 创建与使用图块 ……………………………………………………………………… 86
  5.1 块的创建与应用 ……………………………………………………………………… 86
     5.1.1 创建内部块 …………………………………………………………………… 86
     5.1.2 创建外部图块 ………………………………………………………………… 87
  5.2 插入图块 ……………………………………………………………………………… 88
  5.3 编辑图块 ……………………………………………………………………………… 89
  5.4 设置图块属性 ………………………………………………………………………… 90
     5.4.1 定义图块属性 ………………………………………………………………… 90
     5.4.2 插入属性的图块 ……………………………………………………………… 91
     5.4.3 编辑图块属性定义 …………………………………………………………… 91
  5.5 上机实践 ……………………………………………………………………………… 93
     5.5.1 创建粗糙度符号外部图块 …………………………………………………… 93

第 6 章 图形显示控制与辅助绘图 ·········· 97
6.1 【视图】和【工具】下拉菜单 ·········· 97
6.1.1 视图菜单 ·········· 97
6.1.2 工具菜单 ·········· 97
6.2 图形显示控制 ·········· 98
6.2.1 窗口缩放 ·········· 98
6.2.2 平移 ·········· 100
6.3 用户坐标系 UCS ·········· 100
6.3.1 坐标系 ·········· 100
6.3.2 建立用户坐标系 ·········· 102
6.4 AutoCAD 设计中心 ·········· 104
6.4.1 AutoCAD 设计中心简介 ·········· 104
6.4.2 使用 AutoCAD 设计中心 ·········· 108
6.4.3 向图形中添加内容 ·········· 109
6.5 多图档设计环境 ·········· 111
6.6 Internet 访问与网上发布 ·········· 113
6.6.1 在 Internet 上打开、保存和插入图形 ·········· 113
6.6.2 使用电子传送功能传送文件 ·········· 115
6.6.3 网上发布图形 ·········· 117
6.7 超级链接 ·········· 122
6.7.1 使用超级链接 ·········· 124
6.8 计算和查询 ·········· 125
6.8.1 计算封闭对象的面积 ·········· 126
6.8.2 计算组合面积 ·········· 127
6.9 上机实践 ·········· 128
6.9.1 利用对象捕捉和对象追踪功能快速、准确地绘制图形 ·········· 128
6.9.2 使用查询功能计算阴影部分面积 ·········· 131
6.9.3 对绘制图形实时缩放和平移 ·········· 133

第 7 章 标注尺寸 ·········· 135
7.1 尺寸标注的组成和类型 ·········· 135
7.1.1 尺寸标注的组成 ·········· 135
7.1.2 尺寸标注的类型 ·········· 136
7.2 设置尺寸标注样式 ·········· 136
7.2.1 标注样式管理器 ·········· 137
7.2.2 【直线】选项卡设置 ·········· 139
7.2.3 【符号和箭头选项卡设置】 ·········· 140
7.2.4 【文字】选项卡设置 ·········· 141
7.2.5 【调整】选项卡设置 ·········· 144
7.2.6 【主单位】选项卡设置 ·········· 145

7.2.7 【换算单位】选项卡设置 ································ 146
7.2.8 【公差】选项卡设置 ································ 147
7.3 标注尺寸 ································ 148
7.3.1 标注线性尺寸 ································ 148
7.3.2 标注对齐尺寸 ································ 149
7.3.3 标注弧长尺寸 ································ 150
7.3.4 标注半径尺寸 ································ 150
7.3.5 标注折弯尺寸 ································ 151
7.3.6 标注直径尺寸 ································ 152
7.3.7 标注角度尺寸 ································ 152
7.3.8 快速标注尺寸 ································ 154
7.3.9 标注基线尺寸 ································ 155
7.3.10 标注连续尺寸 ································ 156
7.3.11 圆心标记 ································ 157
7.4 标注形位公差 ································ 157
7.5 编辑标注尺寸 ································ 159
7.5.1 编辑标注 ································ 159
7.5.2 编辑标注文字 ································ 160
7.5.3 更新尺寸标注 ································ 160
7.6 上机实践 ································ 161
7.6.1 练习 ································ 161
7.6.2 练习 ································ 161
7.6.3 练习 ································ 163

第8章 三维模型的建立 ································ 166

8.1 模型空间和图纸空间 ································ 167
8.2 创建与管理视口 ································ 168
8.3 三维视点设置 ································ 170
8.3.1 设置视点 ································ 170
8.3.2 预设视点 ································ 171
8.3.3 设置平面视图 ································ 171
8.4 实体造型及其编辑 ································ 172
8.4.1 实体造型 ································ 172
8.4.2 编辑三维实体 ································ 177
8.5 着色、消隐及渲染 ································ 189
8.5.1 着色 ································ 189
8.5.2 消隐 ································ 190
8.5.3 渲染 ································ 190
8.6 三维模型的动态显示 ································ 194
8.6.1 动态旋转 ································ 195

8.6.2 视觉样式 ········· 196
　8.7 上机实践 ········· 196
　　8.7.1 绘制底板的三维模型 ········· 197
　　8.7.2 绘制圆筒的三维模型 ········· 198
　　8.7.3 绘制凸台的三维模型 ········· 199
　　8.7.4 绘制圆孔的三维模型 ········· 200

第9章　布局与出图 ········· 204
　9.1 模型空间和图纸空间 ········· 204
　　9.1.1 模型空间 ········· 204
　　9.1.2 图纸空间 ········· 204
　9.2 创建打印布局 ········· 205
　　9.1.1 布局圈 ········· 205
　　9.2.2 布局向导 ········· 205
　9.3 输出图形前的准备工作 ········· 206
　　9.3.1 准备打印机 ········· 206
　　9.3.2 图形文件的准备 ········· 207
　9.4 页面设置 ········· 207
　　9.4.1 页面设置管理器 ········· 207
　　9.4.2 新建页面设置 ········· 208
　　9.4.3 页面设置对话框 ········· 208
　　9.4.4 打印样式 ········· 210
　9.5 上机实践 ········· 211

参考文献 ········· 214

第 1 章 AutoCAD 的基本知识

AutoCAD 是美国 Autodesk 公司开发的通用计算机辅助设计（Computer Aided Design）软件，是当今设计领域应用最广泛的现代化绘图工具。AutoCAD 自 1982 年诞生以来，经过不断改进和完善，经历了十多次的版本升级，AutoCAD 2013 最新版本，其性能和功能都有较大的提升，同时保证了与低版本的完全兼容。

1.1 AutoCAD 的主要功能

AutoCAD 是一种通用的计算机辅助设计软件，与传统设计相比，AutoCAD 的应用极大地提高了绘图的速度和质量。

1. 绘图功能

AutoCAD 2013 的绘图功能如下：

（1）创建二维图形

用户可以通过输入命令来完成点、直线、圆弧、椭圆、矩形、正多边形、多段线、样条曲样、多线等的绘制。针对相同图形的不同情况，AutoCAD 还提供了多种绘制方法供选择，例如圆的绘制方法就有多种。

（2）创建三维实体

AutoCAD 提供了球体、圆柱体、立方体、圆锥体、圆环体和楔体共六种基本实体的绘制命令，并提供了拉伸、旋转、布尔运算等功能来改变其形状。

（3）创建线框模型

AutoCAD 可以通过三维坐标来创建实体对象的线框模型。

（4）创建曲面模型

AutoCAD 提供的创建曲面模型的方法有：旋转曲面、平移曲面、直纹曲面、边界曲面、三维曲面等。

2. 编辑功能

中文版 AutoCAD 2013 不仅具有强大的绘图功能，而且还具有强大的图形编辑功能。例如：对于图形或线条对象，可以采用删除、恢复、移动、复制、镜像、旋转、修剪、拉伸、缩放、倒角、倒圆角等方法进行修改和编辑。

AutoCAD 2013 具有强大的文字标注和尺寸标注功能，还具有创建和编辑表格的功能。

3. 图形显示功能

AutoCAD 可以任意调整图形的显示比例，以便观察图形的全部或局部，并可以上、下、左、右移动图形来进行观察。

AutoCAD 为用户提供了六个标准视图（六种视角）和四个轴测试图，可以利用观点工具设置任意的视角，还可以利用三维动态观察器设置任意的透视效果。

AutoCAD最终可以根据打印设置将图样打印出来。

4．二次开发功能

用户可以根据需要来自定义各种菜单及与图形有关的一些属性。AutoCAD提供了一种内部的Visual LISP编辑开发环境，用户可以使用LISP语言定义新命令，开发新的应用和解决方案。

用户还可以利用AutoCAD的一些编辑接口Object ARX，使用Visual C++和Visual Basic语言对其进行二次开发。

1.2 启动AutoCAD 2013中文版

本节介绍启动AutoCAD 2013中文版的方法。

1.2.1 启动AutoCAD 2013的方法

可用下列两种方法启动AutoCAD 2013中文版：
(1) 双击桌面上的AutoCAD 2013快捷方式图标，如图1-1所示。

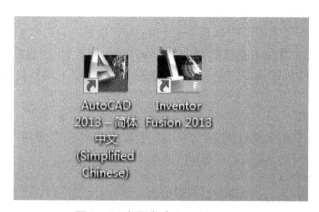

图1-1 桌面启动AutoCAD 2013

(2) 点击【开始】→【程序】→【Autodesk】→【AutoCAD 2013】。

1.2.2 【启动】对话框的操作

1．【启动】对话框

【启动】对话框上面的3个图框自左向右分别是：工作、了解、扩展。
(1) 在【工作】框下有【新建】图标、【打开】图标、【使用样例文件】图标。

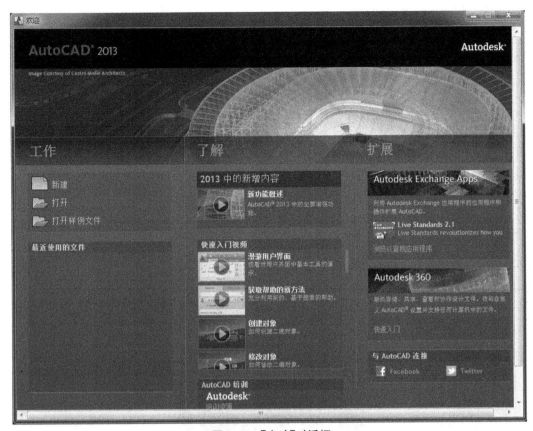

图 1-2 【启动】对话框

① 【新建】图标

单击此图标,如图 1-3 所示,在对话框的【默认设置】列表框中列出两个选项:【英制】和【公制】,默认状态为公制。系统将使用默认设置的绘图环境开始绘图。

图 1-3 【工作】对话框

②【打开图形】图标

单击此图标,在对话框的【选择文件】列表框中列出最近曾经打开的几个图形文件。从中选择或通过预览选择要打开的文件名,单击【确定】按钮,系统进入绘图状态并打开文件。

③【使用样例】图标

单击此图标,在对话框的【选择样板】列表框中列出所有样板文件。系统默认的样板文件为 Acadiso.dwt 文件。

(2) 在【了解】框下有 2013 新增内容、快速入门视频等功能,如图 1-4 所示。

图 1-4 【了解】对话框

(2) 在【扩展】框下有 Autodesk Exchange Apps 的应用程序和插件扩展 AutoCAD、快速入门等功能,如图 1-5 所示。

图 1-5 【扩展】对话框

1.3　AutoCAD 2013 的窗口界面

启动 AutoCAD 2013 中文版后，便进入到崭新的用户界面，如图 1-6 所示。用户界面主要由标题行、菜单栏、工具栏、绘图区、光标、命令行、状态栏、模型选项卡和布局选项卡等组成。

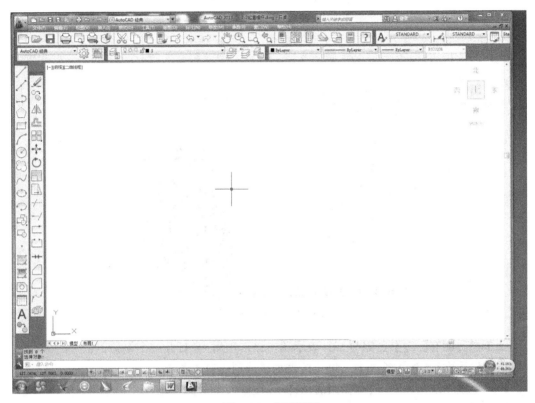

图 1-6　窗口界面

1. 标题行

AutoCAD 2013 标题行在用户界面的最上面，用于显示 AutoCAD 2013 的程序图标以及当前图形文件的名称。标题行右边的各按钮，可用来实现窗口的最小化、最大化、还原和关闭，操作方法与 Windows 界面操作相同。

2. 菜单栏

菜单栏是 AutoCAD 2013 的主菜单，集中了大部分绘图命令，打开菜单浏览器，单击主菜单的某一项，会显示出相应的下拉菜单，如图 1-7 所示。

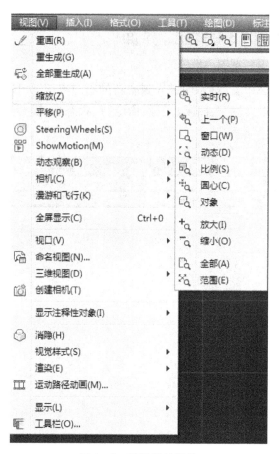

图1-7 菜单栏的操作

菜单栏后面有【…】(省略号)时,表示单击该选项后,会打开一个对话框。
菜单栏后面有【▶】(黑色小三角)时,表示该选项还有子菜单。
当菜单项为浅灰色时,表示在当前条件下,这些命令不能使用。

3. 工具栏

AutoCAD 2013共提供了二十多个工具栏,通过这些工具栏可以实现大部分操作,其中常用的默认工具为【标准】工具栏、【绘图】工具栏、【修改】工具栏、【图层】工具栏、【对象特性】工具栏、【样式】工具栏。图1-8所示为处于浮动状态下的【标准】工具栏、【绘图】工具栏和【修改】工具栏。

图1-8 【标准】、【绘图】和【修改】工具栏

如果把光标指向某个工具按钮并停顿一下,屏幕上就会显示出该工具栏按钮的名称,并

在状态栏中给出该按钮的简要说明。如果要显示当前隐藏的工具栏,可在任意工具栏上单击右键,此时将弹出一个快捷菜单,通过选择命令可以显示或关闭相应的工具栏,如图1-9所示。

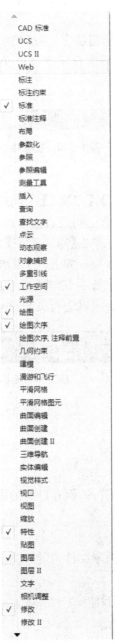

图1-9 工具栏快捷菜单

4. 绘图区

绘图区是用户进行图形绘制的区域。把鼠标移动到绘图区时,鼠标变成十字形,可用鼠标直接在绘图区中定位,在绘图区的左下角有一个用户坐标系的图标,它表明当前坐标系的类型,图标左下角为坐标的原点(0,0,0)。

5. 命令行

命令行在绘图区下方,是用户使用键盘输入各种命令的直接显示,也可以显示出操作过程中的各种信息和提示。默认状态下,命令行保留显示所执行的最后三行命令或提示信息。

6. 状态栏

状态栏用于反映和改变当前的绘图状态,包括当前光标的坐标、栅格捕捉显示、正交打开状态、极坐标状态、自动不做状态、线宽显示状态以及当前的绘图空间状态等,如图1-10所示。

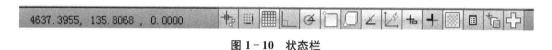

图1-10 状态栏

7. 模型选项卡和布局选项卡

绘图区的底部有【模型】、【布局1】、【布局2】三个选项卡,如图1-11所示。它们用来控制绘图工作是在模型空间还是在图纸空间进行。AutoCAD的默认状态是在模型空间,一般的绘图工作都是在模型空间进行。单击【布局1】或【布局2】选项卡可进入图纸空间,图纸空间主要完成打印输出图形的最终布局。如进入了图纸空间,单击【模型】选项卡即可返回模型空间。如果将鼠标指向任意一个选项卡,并单击鼠标右键,可以使用弹出的右键菜单新建、删除、重命名、移动或复制布局,也可以进行页面设置等操作。

图1-11 模型和布局标签

1.4 文件的管理

文件的管理包括新建图形文件,打开、保存已有的图形文件,以及退出打开的文件。

1.4.1 新建图形文件

在非启动状态下建立一个新的图形文件,其操作如下:

1. 输入命令

(1) 菜单栏:【文件】菜单→【新建】命令。

(2) 工具栏:单击【新建】按钮□。

(3) 命令行:NEW。

2. 操作格式

(1) 执行上述命令之一后,系统打开【创建新图形】对话框。单击【使用样板】图标,在【名称】列表框中,用户可根据不同的需要选择模板样式,如图1-12所示。

(2) 选择样式后,单击【打开】按钮,即在窗口显示新建的文件。

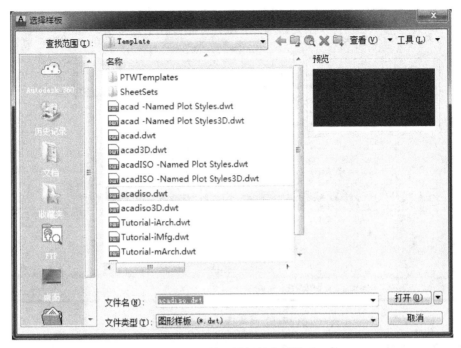

图 1-12 使用样板创建新图形

1.4.2 打开图形文件

打开已有的图形文件,其操作如下:

1. 输入命令

(1) 菜单栏:【文件】菜单→【打开】命令。

(2) 工具栏:单击【打开】按钮 。

(3) 命令行:OPEN。

2. 操作格式

(1) 选择上述方式之一输入命令后,可以打开【选择文件】对话框,如图 1-13 所示。通过对话框的【搜索】下拉菜单选择需要打开的文件,AutoCAD 的图形文件格式为".dwt"(在【文件类型】下拉列表框中显示)。

(2) 可以在对话框的右侧预览图像后,单击【打开】按钮,文件即被打开。

3. 选项说明

对话框左侧的一列图标按钮,用来提示图形打开或存放的位置,它们统称为位置列。双击这些图标,可在该图标指定的位置打开或保存图形,各选项功能如下:

【历史记录】:用来显示最近打开或保存过的图形文件。

【我的文档】:用来显示在【我的文档】文件夹中的图形文件和子文件名。

【收藏夹】:用来显示在 C:\Windows\Favorites 目录下的文件和文件夹。

【FTP】:该类站点是互联网用来传送文件的地方。当选择 FTP 时,可看到所列的 FTP 站点。

图 1-13 【选择文件】对话框

【桌面】:用来显示在桌面上的图形文件。

1.4.3 保存图形文件

保存图形文件包括保存新建文件和另存文件。首先介绍新建文件的保存。

1. 输入命令

（1）工具栏:单击【保存】按钮 。

（2）菜单栏:【文件】菜单→【保存】命令。

（3）命令行:QSAVE。

2. 操作格式

（1）选择上述三种方式之一输入命令后,可打开【图形另存为】对话框,如图 1-14 所示。

（2）在【保存于】下拉列表框中指定图形文件保存的路径。

（3）在【文件名】文本框中输入图形文件的名称。

（4）在【文件类型】下拉列表框中选择图形文件要保存的类型。

（5）设置完成后,单击【保存】按钮。

对于已保存的文件,当选择上面的方法之一输入命令之后,则不再打开【图形另存为】对话框,而是按原文件名称保存。

如果选择【另存为】命令或在【命令行】输入【SAVEAS】,则可以打开【图形另存为】对话框,来改变文件的保存路径、名字和类型。

图 1-14 【图形另存为】对话框

1.5 命令的输入与结束

使用 AutoCAD 进行绘图操作时，必须输入相应的命令。下面介绍输入命令的方式、透明命令和结束命令的执行。

1. 输入命令的方式

(1) 鼠标输入命令

当鼠标在绘图区时，光标呈十字形。按下左键，相当于输入该点的坐标；当鼠标在绘图区外时，光标呈空心箭头，此时可以用鼠标左键选择（单击）各种命令或滑动滑块；当鼠标在不同区域时，用鼠标右键可以打开不同的快捷菜单。

(2) 键盘输入命令

所有的命令均可以通过键盘输入（不分大小写）。从键盘输入命令后，只需在命令行的【命令：】提示符号后键入命令名（有的命令只需输入命令的缩写字母），然后按 Enter 键或空格键即可。

(3) 菜单输入命令

利用菜单输入命令是一种最方便的方法。用鼠标左键在菜单栏、下拉菜单或子菜单中单击所选命令，命令便会执行；也可以使用鼠标右键打开快捷菜单，再用左键单击所选命令，命令的执行结果相同。

2. 透明命令

可以在不中断某一命令执行的情况下,插入执行另一条命令,该插入的命令称为透明命令。输入透明命令时,应该在该命令前加一撇号('),执行透明命令后会出现【>>】提示符。透明命令执行完后,继续执行原命令。AutoCAD 中的很多命令都可以透明执行。对于可执行透明功能的命令,当用户用鼠标单击该命令或命令按钮时,系统可自动切换到透明命令的状态而不必用户输入。

3. 结束命令的执行

结束命令的方法如下:

(1) 如果一条命令正常完成后会自动结束。

(2) 如果在命令执行的过程中要结束命令时,可以按 Esc 键。

1.6 退出 AutoCAD

当用户退出 AutoCAD 2013 时,为了避免文件的丢失,应按下述方法之一操作,正确退出 AutoCAD 2013。

(1) 菜单栏:单击【文件】菜单→【退出】命令。

(2) 命令行:QUIT。

(3) 标题行:单击关闭❌按钮。

在上述退出 AutoCAD 2013 的过程中,如果当前图形没有保存,系统会显示出类似于图 1-15 所示的【询问】对话框。

图 1-15 【询问】对话框

1.7 上机实践

(1) 左键双击 AutoCAD 快捷图标,或点击【开始】按钮在程序中单击 AutoCAD 2013 版本。

(2) 在弹出的对话框中(有四种方式:Use a Wizard 使用向导,开始新图;Use a Template 使用样板,开始新图;Start from Scratch 使用默认设置直接进入,开始新图;Open a Drawing 打开已有图形文件)。单击【Start from Scratch】按钮,在 Select Default 列表框中单击 Metric 项(公制单位),单击【OK】按钮,进入绘图环境。

(3) 设置绘图界限。点击菜单【格式】中绘图界限或在命令行输入 LIMITS,在命令行提示中输入左下角点(0,0)和右上角点坐标值(297,210)。

(4) 在绘图工具条中单击【直线】按钮。同时使用快捷键 F8 打开正交功能。

(5) 绘制 40×60 的矩形。

(6) 在主菜单【文件】下选择【另存为】,新建一个以自己名字命名的文件夹,把绘制的图形以文件名为 A4-1 的文档存盘。

(7) 退出 AutoCAD。单击绘图屏标题栏右角 ☒ 关闭;点击文件菜单→退出,或在命令行输入 QUIT(EXIT)。

习 题

(1) AutoCAD 具有哪些基本功能?

(2) 练习启动 AutoCAD 2013,在【启动】对话框中选择【新建】中的【打开文件】选项,进入绘图状态,见图 1-16(a)。

(3) 逐个熟悉菜单栏、工具栏状态栏等的操作。

(4) 在 AutoCAD 2013 安装目录下的 C:\program Files\AutoCAD 2013\Template 文件夹中找到文件类型为图形样板(∗·dwt)的 AutoCAD 图形文件——GB_a3_Named Plot Styles.dwt,见图 1-16(a)。将其打开并重新保存,文件名为 A4-1,文件类型为 dwg。见图 1-16(b)。

(5) 退出 AutoCAD。

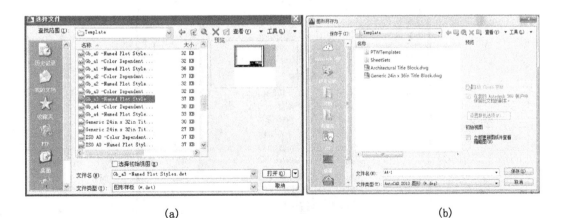

(a)   (b)

图 1-16

第 2 章　绘制二维图形及注写文本

二维图形是由一些基本的图形对象(亦称图元)组成的，AutoCAD 2013 提供了十余个基本图形对象，包括点、直线、圆弧、圆、椭圆、多段线、矩形、正多边形、圆环、样条曲线、文本、图案填充等。本章将分类介绍这些基本图形对象的绘制方法，读者应注意绘图中的技巧。

2.1　【绘图】下拉菜单及工具栏

用户在绘图时通常利用【绘图】下拉菜单或工具栏激活绘图命令，下面简单介绍【绘图】下拉菜单及工具栏。

1. 【绘图】下拉菜单

选取主菜单中的【绘图】菜单项，即可显示出绘图下拉菜单，如图 2-1 所示。将光标移到绘图菜单的某一命令，状态行内便显示出该命令的功能，或显示出下一级菜单。用鼠标单击某一命令，即可激活该命令。用户可根据命令提示行中的提示进行操作。

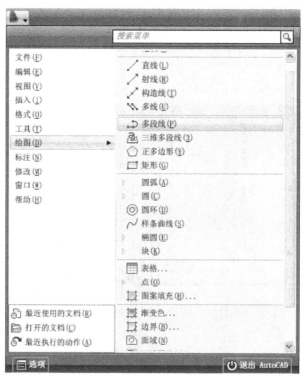

图 2-1　【绘图】菜单

2.【绘图】工具栏

【绘图】工具栏(如图 2-2)一般位于操作界面的最左端。利用按钮可执行主要的绘图功能。单击按钮,即可执行相应的操作。若将光标移到按钮上,停留片刻即可显示出按钮的功能。用户可以拖拽工具栏,放在自己喜欢的位置上,通常放在绘图区左边,与修改工具条并列。

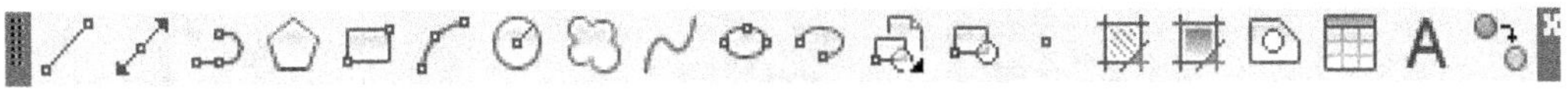

图 2-2 【绘图】工具栏

2.2 辅助绘图工具

为了快速准确地绘图,AutoCAD 2013 提供了【捕捉】、【栅格】、【正交】、【极轴】、【对象捕捉】、【对象追踪】、【动态输入】等辅助绘图工具供用户选择。可通过以下方法设置这些辅助绘图工具的状态和参数,见图 2-3。【对象捕捉】和【自动追踪】是非常有用的工具,能帮助用户迅速、准确绘图。

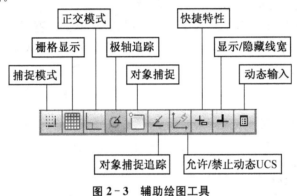

图 2-3 辅助绘图工具

2.2.1 对象捕捉

1. 对象捕捉的功能

用户在绘图和编辑图形时,需要准确地找到某些特殊点(如直线的端点、圆心、切点等),AutoCAD 提供了迅速、准确捕捉这些特殊点的功能,即对象捕捉。

当命令行提示输入一个点(各种类型的点)的时候,均可以采用对象捕捉。用户若要找到某个点(例如线段的交点),激活捕捉功能后,只要将光标移到该点附近,系统会自动捕捉到这个点。

2. 执行对象捕捉的方式

执行对象捕捉有两种方式,一是利用【草图设置】对话框设置隐形对象捕捉,二是利用【对象捕捉】快捷菜单执行对象捕捉。

(1) 设置隐含的对象捕捉

执行【工具】→【草图设置】命令,弹出一个【草图设置】对话框,选择【对象捕捉】标签,如

图 2-4 所示。利用该标签,可以设置隐含的对象捕捉。在对话框中选择一个或多个捕捉模式,单击【确定】按钮,即可执行相应的对象捕捉。这种捕捉方式即为隐含的对象捕捉方式。

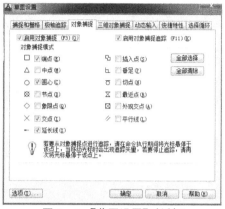

图 2-4 【草图设置】对话框

(2) 即选方式

在绘图和编辑过程中,系统提示输入一个点时,用户可直接选取【对象捕捉】工具栏[如图 2-5(a)所示]内的捕捉模式,再移动鼠标捕捉目标。这种执行对象捕捉的方式即选即用。它只影响当前要捕捉的点,操作一次后自动退出对象捕捉状态。

在执行对象捕捉的时候,还可以按下 Shift 键的同时单击右键,弹出一个对象捕捉快捷菜单,如图 2-5(b)所示。利用该菜单也可以执行单点优先方式的对象捕捉。

(a) 对象捕捉

(b) 快捷菜单

图 2-5

2.2.2 自动追踪

自动追踪是光标跟随参照线确定点位置的方法,它有两种工作方式:极轴追踪和对象捕捉追踪。将自动追踪和对象捕捉功能结合起来应用将会使图形绘制更加方便。极轴追踪是光标沿设定的角度增量显示参照线,在参照线上确定所需的点。利用对象捕捉追踪可获得对象上关键的点位,这些点即为追踪点,它们是参照线的出发点。

1. 设置极轴追踪和对象捕捉追踪

执行【工具】→【草图设置】命令,显示【草图设置】对话框,选择【极轴追踪】标签,如图 2-6 所示。在【极轴角设置】区内,选取【启用极轴追踪】并设置增量角为 45,单击【确定】按钮。

【对象捕捉追踪设置】用于设置对象捕捉追踪的两种方式。【极轴角测量】区内的两个选项用于确定预设的角度是绝对角度还是相对于上一段线的相对角度。

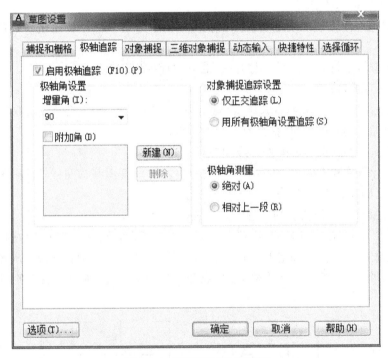

图 2-6 【草图设置】对话框

2. 极轴追踪的应用

以绘制图 2-7(a)所示的图形为例,说明极轴追踪的使用方法。

(1) 在【绘图】工具栏内选取【直线】按钮,绘制图 2-7(b)。

(2) 在【草图设置】对话框的【极轴追踪】标签中选取【启用极轴追踪】并设置角度增量为 30,其余采用缺省值。

(3) 以下端矩形的左上角为起点绘制斜线,移动鼠标,当光标向右上方大约 60°方向移动时,显示极轴追踪,如图 2-7(c)所示。

(4) 选择一段距离,单击鼠标确定斜线的另一端点。

(5) 镜像左侧图形，完成绘制。

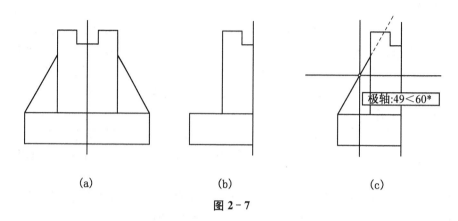

图 2-7

3. 对象捕捉追踪的应用

对象捕捉追踪能方便地确定所需点的位置，如图 2-8(a)所示，确定 a 点的位置，操作如下：

(1) 在状态行上打开【对象捕捉】开关和【对象捕捉追踪】开关。
(2) 选取【直线】按钮。
(3) 将光标移至 b 点稍候，直到显示小十字，b 点成追踪点，向上沿垂直追踪参照线移动。
(4) 将光标移到 c 点稍候，获得第二个追踪点。
(5) 沿着从 c 点出发的水平参照线向左移动光标。
(6) 当光标移到和 b 点垂直时，显示从 b 点出发的垂直追踪参照线，在两条线的交点处单击鼠标，即可确定 a 点位置，如图 2-8(b)所示。

在使用对象捕捉追踪功能的过程中要注意以下几点：

如果 a 点要作为第三个追踪点，在选择 a 点之前，要在【标准】工具栏上拾取【临时追踪点】，然后追踪将会从 a 点开始，来确定下一个追踪点，或直线的起点。只要将光标再次停在追踪点上一会儿，就可以取消该追踪点。当从对象上的点开始追踪时，首先要确定一种对象捕捉模式。

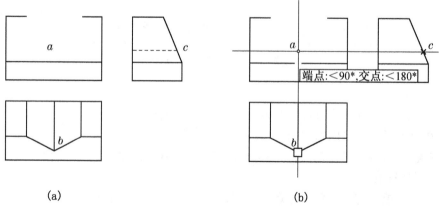

图 2-8

2.2.3 正交

使用正交模式可以绘制水平或垂直的图形对象。使用 ORTHO 命令或直接用鼠标单击状态栏上的【正交】按钮,或按快捷键 F8 可控制正交模式的开启或关闭。正交模式开启后,绘图效果如图 2-9。而使用极轴追踪模式可以比较方便地绘制斜线(如图 2-10 中的 45°斜线);配合动态输入,还可以绘制任意角度和长度的线段(单击状态栏上的【极轴追踪】或按 F10 快捷键即可)。

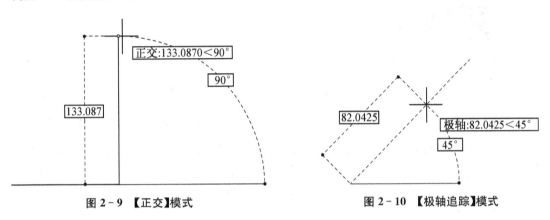

图 2-9 【正交】模式　　　　图 2-10 【极轴追踪】模式

2.2.4 动态输入【DYN】

启用动态输入功能后,系统在绘图区的光标附近提供一个命令提示和输入界面,用户可直观地了解命令执行的有关信息,并可直接动态地输入绘制对象的各种参数,使绘图变得直观简捷,图 2-11 和 2-12 所示为未开启和开启动态输入的对比。

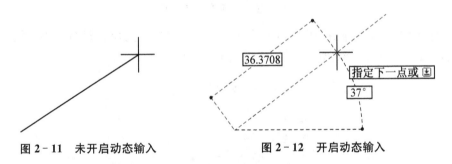

图 2-11 未开启动态输入　　　　图 2-12 开启动态输入

单击状态栏的【DYN】按钮或按快捷键 F12 可以控制动态输入功能的开关状态。

通过【草图设置】对话框或用鼠标右键单击【DYN】动态输入按钮,打开【动态输入】选项卡,如图 2-13 所示,可设置指针/标注输入、动态提示等选项。各选项功能如下。

(1)【启用指针输入】复选框:选中则启用指针输入并打开动态输入;不选则关闭指针输入。启用指针输入功能后,当执行与点有关的命令时,十字光标的位置坐标将显示在光标附近的提示栏中,也可在此提示栏中直接输入点的坐标。

(2)指针输入的【设置】按钮:单击【指针输入】选项组中的【设置】按钮,弹出【指针输入设置】对话框,如图 2-14,可用于设置坐标显示格式以及何时显示工具栏提示。

图 2-13 【动态输入】选项卡

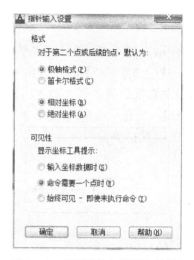
图 2-14 【指针输入设置】对话框

(3)【可能时启用标注输入】复选框:选中时启用标注输入并启动动态输入;不选则关闭标注输入。启用标注输入后,在默认设置下,当命令提示输入下一点时,光标工具栏将显示橡皮筋的长度和极角,可直接输入长度和极角,输入时按 Tab 键可在长度与极角输入字段之间切换,如图 2-15 所示。

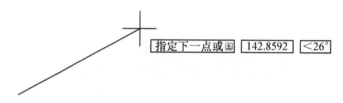

图 2-15 按 Tab 键在各字段间切换

(4) 标注输入的【设置】按钮:单击【标注输入】选项组中的【设置】按钮,弹出【标注输入的设置】对话框,如图 2-16 所示,可用于设置工具栏提示的格式。

图 2-16 【标注输入的设置】对话框

(5)【动态提示】选项组中的【在十字光标附近显示命令提示和命令输入】复选框:可用

于设置是否在光标提示栏中显示命令提示。

2.3 绘制直线类对象

AutoCAD 2013 提供了五种直线对象,包括直线、射线、构造线、多线和多段线。本节介绍它们的画法。

2.3.1 绘制直线

选取【绘图】工具栏上的【直线】按钮后,用户只需给定起点和终点,即可画出一条线段,一条线段即一个图元。在 AutoCAD 中,图元是最小的图形元素,它不能再被分解。一个图形是由若干个图元组成的。

1. 执行绘制直线的途径
(1) 工具栏【直线】按钮。
(2)【绘图】→【直线】(在下拉菜单执行命令,下同)。
(3) 命令:LINE[或直接输入 L(l)]。
2. 操作示例
(1) 选取【直线】按钮,命令行显示:
LINE 指定第一点:
(2) 点击鼠标或从键盘输入起点的坐标,以指定起点。命令行显示:
指定下一点或[放弃(U)]:
(3) 移动鼠标并单击,即可指定下一点,同时画出了一条线段。
(4) 移动鼠标并单击,即可连续画直线。
(5) 单击鼠标右键弹出快捷菜单,选择有关命令,或回车结束画直线操作。
3. 利用点坐标绘制直线
有四种方法:绝对直角坐标、绝对极坐标、相对直角坐标和相对极坐标。
(1) 绝对直角坐标法:以坐标原点(0,0)为基点定位点的位置。用户可以通过输入(X,Y)坐标的方式来定义点的位置。
(2) 绝对极坐标法:以坐标原点(0,0)为基点定位点的位置,通过输入相对于极点的距离和角度的方式来定义一个点的位置。其使用格式为:距离<角度。
(3) 相对直角坐标法:以当前点为基点确定点的位置。相对特定点(X,Y)增量为$(\Delta X,\Delta Y)$的点的坐标输入格式为@$\Delta X,\Delta Y$。字符"@"后面的坐标值表示相对坐标。
(4) 相对极坐标法:以当前点为参考基点,输入相对于基点的距离和角度来定义一个点的位置。其使用格式为:@距离<角度。

2.3.2 绘制射线

射线是以某点为起点,且在单方向上无限延长的直线。
1. 执行途径
执行绘制射线的途径有两种:

(1)【绘图】→【射线】。
(2) 命令:RAY。

2. 操作示例

(1) 选取【直线】按钮,命令行显示:

Line 指定第一点:

(2) 点击鼠标或从键盘输入起始点的坐标,以指定起点。命令行显示:

指定下一点或[放弃(U)]:

(3) 移动鼠标并单击,即可指定下一点,同时画出了一条线段。

(4) 移动鼠标并单击,即可连续画直线。

(5) 单击鼠标右键弹出快捷菜单,选择有关命令,或回车结束画直线操作。

2.3.3 绘制构造线

构造线是指在两个方向上无限延长的直线。构造线主要用做绘图时的辅助线。当绘制多视图时,为了保持投影联系,可先画出若干条构造线,再以构造线为基准画图。

1. 执行途径

执行绘制构造线的途径有三种:

(1)【绘图】工具栏→【构造线】按钮。

(2)【绘图】→【构造线】。

(3) 命令:XLINE[或直接输入 XL(xl)]。

2. 操作示例

选取【构造线】按钮。命令行显示:

指定点或[水平(H)/垂直(V)/角度(A)/二等分(B)/偏移(O)]:

在执行了构造线命令后,命令行中显示出若干个选项,缺省选项是【指定点】。若执行括号内的选项,需输入选项的大写字符。各项的含义如下:

(1) 水平(H):绘制通过制定点的水平构造线。

(2) 垂直(V):绘制通过点的垂直构造线。

(3) 角度(A):绘制与 X 轴正方向成指定角度的构造线。

(4) 二等分(B):绘制角的平分线。执行该选项后,用户输入角的顶点、角的起点和角的终点。输入三点后,即可画出过角顶点的平分线。

(5) 偏移(O):绘制与指定直线平行的构造线。该选项的功能与【修改】菜单中的【偏移】功能相同。执行该选项后,给出偏移距离或指定通过点,即可画出与指定直线平行的构造线。

2.3.4 绘制多线

所谓多线是指由多条平行线构成的直线,连续绘制的多线是一个图元。多线内的直线线型可以相同,也可以不同。多线常用于建筑图的绘制。在绘制多线前应该对多线样式进行定义,然后用定义的样式绘制多线。

1. 定义多线样式

定义多线样式的操作步骤如下:

(1)执行【格式】→【多线样式】命令,弹出【多线样式】对话框,如图2-17(a)所示。
(2)选取【新建】按钮,在名称栏内输入样式名称,例如"ST1",如图2-17(b)。
(5)选取【添加】按钮,在元素栏内增加了一个元素,如图2-17(b)所示。
(6)分别利用【颜色】、【线型】按钮设置新增元素的颜色和线型。

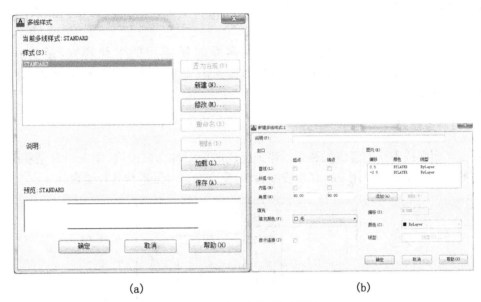

(a) (b)

图2-17 【多线样式】对话框

(7)在【偏移】栏内可以设置新增元素的偏移量。
(8)确定多线的封口形式、填充和显示连接,选取【确定】按钮,返回到【多线样式】对话框。
(9)选取【保存】按钮,对所设置的多线样式进行存储。

2. 执行绘制多线的途径
(1)【绘图】工具栏→【多线】按钮。
(2)【绘图】→【多线】。
(3)命令:MLINE[或直接输入ML(ml)]。

3. 操作示例
选取【多线】按钮,系统提示如下:
指定起点或[对正(J)/比例(S)/样式(ST)]:
单击鼠标或从键盘输入起点的坐标,以指定起点。移动鼠标并单击,即可指定下一点,同时画出了一段多线。图2-18即是利用多线绘制的图形。

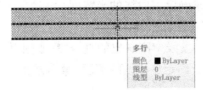

图2-18

执行【多线】命令后,命令行显示出四个选项,各选项的含义如下:

(1) 指定起点:执行该选项后(即输入多线的起点),系统会以当前的线形样式、比例和对正方式绘制多线。缺省状态下,多线的形式是距离为1的平行线。

(2) 对正(J):该选项用于确定绘制多线的对正方式。

(3) 比例(S):该选项用来确定绘制多段线相对于定义的多线的比例因数,缺省为1.00。

(4) 样式(ST):该选项用来确定绘制多线时所使用的多线样式,缺省样式为STANDARD。执行该选项后,根据系统提示,输入定义过的多线样式名称,或输入？显示已有的多线样式。

2.3.5 绘制多段线

由宽窄相同或不同的直线段和弧段序列组成的图元称为多段线,图 2-19 是利用多段线绘制的图形。用户可以用 Pedit(多段线编辑)命令对多段线进行各种编辑。

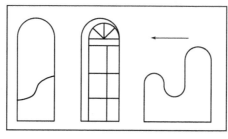

图 2-19

1. 执行途径

执行绘制多段线的途径有三种:

(1)【绘图】工具栏→【多段线】按钮 。

(2)【绘图】→【多段线】。

(3) 命令:PLINE[或直接输入 PL(pl)]。

2. 各选项含义

选取【多段线】按钮,系统显示如下提示:

指定起点:(输入起点)

当前线宽为 0.00。

指定下一点或[圆弧(A)/半宽(H)/长度(L)/放弃(U)/宽度(W)]:

(1) 圆弧(A):该选项使 PLINE 命令由绘直线方式变为绘圆弧方式,并给出绘圆弧的提示。

(2) 半宽(H):该选项用来确定多段线的半宽度。

(3) 长度(L):用于确定多段线的长度。

(4) 放弃(U):可以删除多段线中刚画出的直线段(或圆弧段)。

(5) 宽度(W):该选项用于确定多段线的宽度,操作方法与半宽选项类似。

3. 操作示例

为了使读者较好地掌握多段线的用法,下面给出一个操作示例,绘制图 2-20 中的图

形。操作如下:
(1) 在【绘图】工具栏内选取【多段线】按钮。
(2) 单击鼠标确定图 2-20 中的点 1。
(3) 输入 W(设置线宽)。
(4) 输入 1(设置起点线宽)。
(5) 回车以确定终点宽度(即终点宽度与起点相同)。
(6) 按下 F8 键(进入正交模式)。依次输入 2,3,4,画出相应的线段。
(7) 输入 A(开始画圆弧)。输入 5,画出相应的线段。
(8) 输入 L(切换到画直线模式)。
(9) 依次输入点 6,7,8,9,10,画出相应的线段。
(10) 输入 C 使图形封闭。回车,重复执行 Pline 命令。
(11) 输入点 11(即圆的左端点)。
(12) 输入 A(开始画圆弧)。输入 CE(以确定圆心)。
(13) 利用对象捕捉,捕捉半圆的圆心(即点 12)。画出下半个圆。
(14) 输入 CL,即可画出整个圆。

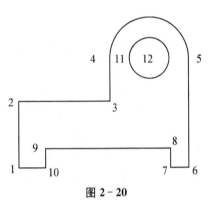

图 2-20

2.4 绘制圆弧类对象

AutoCAD 2013 提供了五种圆弧图素,包括圆、圆弧、圆环、椭圆和圆弧。本节介绍它们的画法。

1. 执行途径

执行绘制圆的途径有三种:
(1)【绘图】工具栏→【圆】按钮。
(2)【绘图】→【圆】。
(3) 命令:CIRCLE[或直接输入 C(c)]。

2. 各选项含义

执行画圆命令,命令行显示如下:
指定圆的圆心或[三点(3P)/两点(2P)/相切、相切、半径(T)]:
(1) 三点(3P):根据三点画圆。依次输入三个点,即可绘制出一个圆。
(2) 两点(2P):根据两点画圆。依次输入两个点,即可绘制出一个圆,两点间的距离为圆的直径。
(3) 相切、相切、半径(T):画与两个对象相切,且半径已知的圆。输入 T 后,根据命令行提示,指定相切对象并给出半径后,即可画出一个圆。图 2-21 显示出指定不同相切对象绘制的圆。

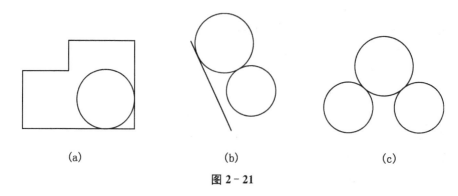

图 2-21

说明：相切对象可以是直线、圆、圆弧、椭圆等图线，这种绘制圆的方式在圆弧连接中经常使用。

3. 圆与圆相切的三种情况分析

绘制一个圆与另外两个圆相切，切圆决定于选择切点的位置和切圆半径的大小。图 2-22 是一个圆与另两个图素相切的三种情况，其中(a)为外切时切点的选择情况，(b)为与一个圆内切、与另一个圆外切时切点的选择情况，(c)为内切时切点的选择情况。假定三种情况下的条件相同，后两种情况对切圆半径的大小有限制，半径太小时不能出现内切情况。

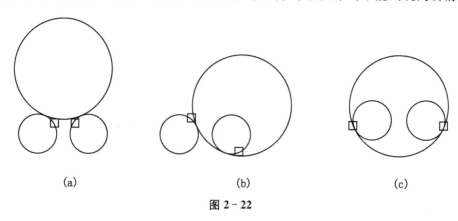

图 2-22

4. 绘制圆的菜单

执行【绘图】→【圆】命令[如图 2-23(a)]，显示出绘制圆的 6 种方法。用户可以根据需要选择不同的画圆方式。

5. 操作示例

下面以图 2-23(b)为例，说明绘制圆弧连接类零件的方法，操作如下：

(1) 选取【直线】按钮，绘制三条直线段，如图 2-24(a)所示。

(2) 选取【圆】按钮，绘制四个圆，如图 2-24(b)所示。

(3) 回车以便重复执行画圆命令，输入 T(画切圆)并回车。

(4) 选择切点并输入半径，画出内切圆，如图 2-24(c)所示。

(5) 同理，画出外切圆，如图 2-24(c)所示。

(6) 输入 TRIM 命令（以便对多余的圆弧进行修剪）。

(7) 选择同心圆中的两个大圆作为修剪对象，回车。

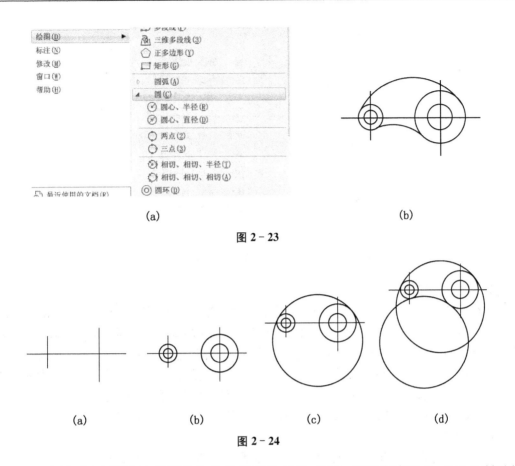

(a)　　　　　　　　　　　　　　　　(b)

图 2 - 23

(a)　　　　(b)　　　　(c)　　　　(d)

图 2 - 24

(8) 选择两个切圆多余的部分作为被修剪的对象,回车,即可完成图 2 - 24(d)所示的图形。

2.4.1 绘制圆弧

AutoCAD 2013 提供了多种画圆弧的方法,用户可根据不同的情况选择不同的方式。

1. 执行途径

执行绘制圆弧的途径有三种:

(1)【绘图】工具栏→【圆弧】按钮 。

(2)【绘图】→【圆弧】。

(3) 命令:ARC[或直接输入 A(a)]。

2. 绘制圆弧的菜单

从下拉菜单中执行画圆弧的操作最为直观。图 2 - 25 是画圆弧的菜单,由此可以看出画圆弧的方式有十余种,用户可以根据需要选择不同的画圆弧方式。

图 2-25 画圆弧的菜单

3．连续绘制圆弧

在绘制圆弧菜单中，【继续】命令用于连续绘制圆弧。当绘制完一个圆弧（或直线、多段线）后，执行此命令，即可接着上一个圆弧（或直线、多段线）继续画圆弧。但在实际绘图中不采用这种操作，而是当执行了 ARC 命令后直接回车，即可连续绘制圆弧。连续圆弧以上一个圆弧（或直线、多段线）最后确定的点为起点，以最后所绘直线的方向或圆弧终点处的切线方向为新圆弧在起点处的切线方向。另外，对于直线、多段线和圆弧三种图元，如果已经绘制过，当执行 LINE（或 PLINE 或 ARC）命令后直接回车，均可连续绘制。

4．注意事项

（1）有些圆弧不适合用 ARC 命令绘制，而适合用 CIRCLE 命令结合 TRIM（修剪）命令生成。

（2）AutoCAD 采用逆时针绘制圆弧。

5．操作示例

下面以图 2-17 为例，说明绘制圆弧的方法，操作如下：

（1）先画出基本图形，如图 2-26(a)所示。

（2）画两个小圆，如图 2-26(b)所示。

（3）执行 TRIM 命令，按照前面介绍的方法，以直线为边界修剪两个小圆，如 2-26(c)所示。

（4）选取【圆弧】按钮。

（5）输入 C 并回车（以圆心、起点、端点方式画圆弧）。

（6）以大圆的圆心为圆弧的圆心，分别以半圆的端点为起点、终点画出圆弧，同理画出另一段圆弧，如图 2-26(d)所示。

（7）选择同心圆中的两个大圆作为修剪对象，回车。

（8）选择两个切圆多余的部分作为被修剪的对象，回车，即可完成图 2-26(d)所示的图形。

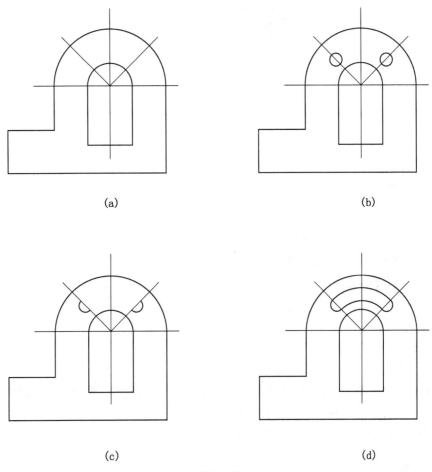

图 2-26

2.4.2 绘制圆环

用户可通过指定圆环内、外直径绘制圆环,也可绘制填充圆。

1. 执行途径

执行绘制圆环的途径有两种:

(1)【绘图】→【圆环】。

(2) 命令:DONUT。

2. 操作格式

执行画圆环命令,系统提示如下:

指定圆环的内径<10.000 0>:(输入圆环的内径)

指定圆环的外径<20.000 0>:(输入圆环的外径)

指定圆环的中心点或<退出>:(输入圆环的中心位置)

此时系统会在指定位置,用指定的内、外径绘制圆环。根据命令提示,用户可继续输入中心点,绘制一系列圆环。

如图 2-27 所示的圆是用圆环命令绘制的。

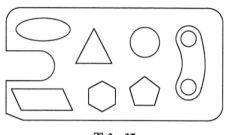

图 2-27

2.4.3 绘制椭圆

1. 执行途径

执行绘制椭圆的途径有三种：

(1)【绘图】工具栏→【椭圆】按钮。

(2)【绘图】→【椭圆】。

(3) 命令：ELLIPSE[或直接输入 EL(el)]。

2. 各选项的含义

执行画椭圆命令，系统提示如下：

指定椭圆的轴端点或[圆弧(A)/中心点(C)]：

(1) 中心点(C)：执行该选项，根据系统提示，先确定椭圆中心、轴的端点，再输入另一半轴距(或输入 R 后再输入旋转角)绘制椭圆。

(2) 圆弧(A)：执行该选项，绘制椭圆弧。

2.4.4 绘制椭圆弧

1. 执行途径

(1)【绘图】工具栏→【椭圆弧】按钮。

(2)【绘图】→【椭圆】→【圆弧】。

2. 操作格式

执行画椭圆弧命令，系统提示如下：

指定椭圆弧的轴端点或[中心点(C)]：

此提示下的操作与前面绘制椭圆的操作相同。当确定了椭圆的形状后，系统接着提示：

指定起始角度或[参数(P)]：

用户可通过指定椭圆弧的起始角、终止角或其他参数来确定椭圆弧。

2.5 绘制多边形和点

AutoCAD 2013 提供了直线绘制矩形、正多边形的方法，还提供了等分点、测量点的绘制方法，用户可根据需要选择。

2.5.1 绘制矩形

1. 执行途径

执行绘制矩形的途径有三种：

(1)【绘图】工具栏→【矩形】按钮▭。

(2)【绘图】→【矩形】。

(3) 命令：RECTANG[或直接输入 REC(rec)]。

2. 各选项的含义

执行绘制矩形命令后，系统提示：

指定第一角点或[倒角(C)/标高(E)/圆角(F)/厚度(T)/宽度(W)]：

(1) 第一角点：该选项用于确定矩形的第一角点。执行该选项后，输入另一角点，即可直接绘制一个矩形，如图 2-28(a)所示。

(2) 倒角(C)：该选项用于确定矩形的倒角。图 2-28(b)是带倒角的矩形。

(3) 圆角(F)：该选项用于确定矩形的圆角。图 2-28(c)是带圆角的矩形。

(4) 宽度(W)：该选项用于确定矩形的线宽。图 2-28(d)是具有宽度信息的矩形。

说明：选项标高(E)和厚度(T)分别用于在三维绘图时设置矩形的参考点位置和高度。

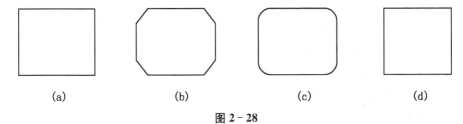

图 2-28

2.5.2 绘制正多边形

1. 执行途径

执行绘制正多边形的途径有三种：

(1)【绘图】工具栏→【正多边形】按钮⬠。

(2)【绘图】→【正多边形】。

(3) 命令：POLYGON[或直接输入 POL(pol)]。

2. 操作格式

执行绘制正多边形命令后，系统提示：

输入边的数目 <4>：(输入正多边形的边数)

指定正多边形的中心点或[边(E)]：

(1) 边(E)：执行该选项后，输入边的第一个端点和第二个端点，即可由边数和一条边确定正多边形，如图 2-29(a)所示。

(2) 正多边形的中心点：执行该选项，系统提示：

输入选项[内接于圆(I)/外切于圆(C)]<I>：

选择 I 是根据多边形的外接圆确定多边形,如图 2-29(b)所示;选择 C 是根据多边形的内接圆确定多边形,如图 2-29(c)所示。在利用这两个选项绘图时,外接圆和内接圆是不出现的,只显示代表圆半径的直线段。

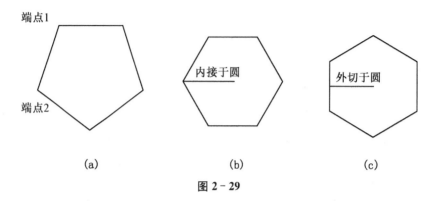

图 2-29

2.5.3 绘制点

用户根据需要可以绘制各种类型的点,包括单点、多点、等分点等。

1. 执行途径

执行绘制点的途径有三种:

(1)【绘图】工具栏→【点】按钮 。。

(2)【绘图】→【点】。

(3) 命令:POINT[绘制单点,或直接输入 PO(po)]。

2. 操作格式

执行【绘图】→【点】后,显示出下级菜单,如图 2-30(a)所示,用户可根据需要,选择点的类型。其中【定数等分】是按指定的等分数将对象等分,并在该对象上绘制等分点,或在等

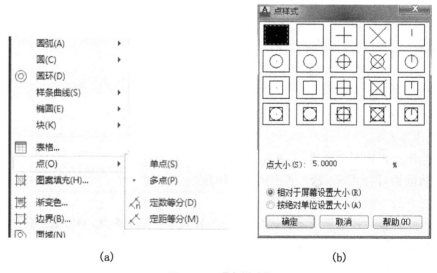

图 2-30 【点样式】

分点处插入块。【定距等分】是按指定的长度测量某一对象,并用点在该对象上的分点处做标记,或在分点处插入块。在绘制等分点或等距点之前,应先设置点的形式,否则应用点的缺省形式(小黑点),等分点显示不出来。

3. 调整点的形式和大小

调整点的形式和大小的方法如如图 2-30(b)所示:

(1) 执行【格式】→【点样式】命令,弹出一个对话框。

(2) 在该对话框中,用户可以选择所需要的点的形式(例如十字形点)。

(3) 在【点大小】栏内调整点的大小。

2.6 绘制样条曲线

2.6.1 绘制样条曲线

样条曲线常用于绘制不规则零件轮廓,例如零件断裂处的边界。

1. 执行途径

执行绘制样条曲线的途径有三种:

(1)【绘图】工具栏→【样条曲线】按钮～。

(2)【绘图】→【样条曲线】。

(3) 命令:SPLINE[或直接输入 SPL(spl)]。

2. 操作格式

执行绘制样条曲线命令后,系统提示:

指定第一个点或[对象(O)]:

(1) 指定第一个点:执行该选项,系统接着提示:

指定下一点或[闭合(C)/拟合公差(F)]<起点切向>:

执行[指定下一点],即继续指定点的位置绘制样条曲线,系统重复上面的提示。用户可以在这种提示下输入样条曲线上一系列点。若输入C,即可使样条曲线封闭。若输入F,系统继续提示如下:

指定拟合公差:(输入拟合公差值)

输入拟合公差后,系统即根据给定的拟合公差绘制样条曲线。所谓拟合公差,是指样条曲线与输入点之间所允许的最大偏移距离。显然,当给定拟合公差后,样条曲线不通过某些输入点。若拟合公差为0,则样条曲线必通过输入点。图 2-31(a)与图 2-31(b)分别显示了拟合公差为 0 和 5 时,样条曲线与输入点之间的关系。

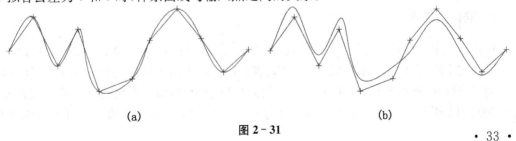

图 2-31

输入结束后回车,系统提示:

指定起点切向:(输入起点切向)

此时要求用户确定样条曲线在起点处的切线方向,且在当前点与起始点之间显示一条橡皮筋,以表示样条曲线在起始点处的切线方向。切线方向影响样条曲线的形状。确定了起点切向后,系统接着提示:

指定端点切向:(输入终点切向)

用上述方法确定终点切向后,即可完成样条曲线的绘制。

(2) 对象(O):

由 AutoCAD 绘制的多段线,可以用 PEDIT 命令编辑成样条曲线。

3. 说明

系统变量 SPLFRAME 用于控制绘制样条曲线时是否显示样条曲线的线框。将该变量的值设置为1时,会显示出样条曲线的线框。图 2-32(a)中的样条曲线有线框,图 2-32(b)表明了样条曲线的应用。

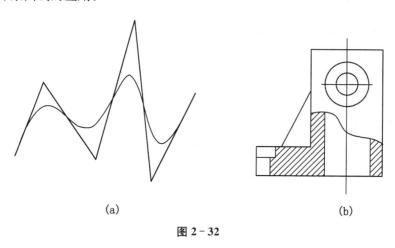

图 2-32

2.7 注写文本

工程图中不仅有图形,还包含文字,例如技术要求、标题栏和明细表等。AutoCAD 2013 提供了非常强的注写及编辑文字功能,包括设置文字样式、标注单行文字和多行文字。当注写较少的文字时使用单行文字,当注写较多的文字时使用多行文字。在注写文本之前应先定义文字样式。本节介绍文字样式的设置和文字注写方法。

2.7.1 缺省文字样式

在注写文字之前,应先定义文字样式,当然也可以使用 AutoCAD 2013 缺省的文字样式。输入文字时,系统用当前样式设置字体、字高、角度、方向和其他特性。AutoCAD 2013 缺省的文字样式,样式名是 STANDARD,字体文件是 txt.shx。控制文字样式的设置(缺省)如表 2-1 所示。当注写文字时,命令提示行显示当前样式的缺省设置。可使用或修改缺省样式,或创建和加载新样式。一旦创建新样式,就可修改属性、改变名称或将其删除。

表 2-1

设置	缺省	说明
样式名	STANDARD	名称最多可以有 31 个字符
字体文件	txt.shx	与字体相关联的文件(字符样式)
大写字体文件	否	用于非 ASCII 字符集(如 kanji)的特殊性定义文件
高度	0	字符高度
宽度因子	1	字符宽度与高度的比值
倾斜角	0	字符的倾斜角
反向	否	反向写出文字
倒置	否	导致写出文字
垂直	否	垂直或水平写出文字

2.7.2 定义和修改文字样式

1. 执行途径

执行定义文字样式的途径有两种:
(1)【格式】→【文字样式】。
(2) 命令:STYLE。

2. 定义文字样式

定义文字样式的步骤如下:
(1) 执行【格式】→【文字样式】命令,弹出【文字样式】对话框,如图 2-33 所示。

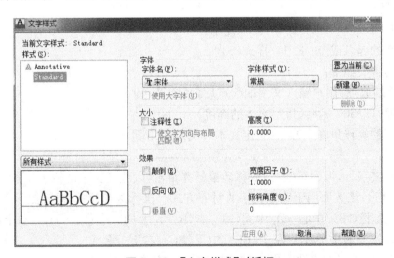

图 2-33 【文字样式】对话框

(2) 在对话框中选取【新建】按钮,弹出【新建文字样式】对话框。
(3) 在对话框中输入文字样式名,选取【确定】按钮。

(4) 在【字体】栏内,选取【字体名】下的列表框,显示出所有的字体文件。选择其中所需要的字体(例如【T 仿宋 GB-2312】)。

(5) 设置字体的高度。建议字体高度为 0.000 0,意味着在注写文字时系统会提示输入文字的高度。

(6) 在【效果】区内设置字体的有关特性。设置结果随时显示在【预览】区内。

(7) 选取【应用】按钮保存新设置的文字样式。

(8) 选取【关闭】按钮。

3. 修改文字样式

修改文字样式的方法是:在【文字样式】对话框的【样式名】列表框中选择一个样式名,修改字体和效果,选取【应用】按钮,即可用当前样式更新图形中的文字。

4. 机械图中常用的文字样式

汉字字样(专门用于图面上的汉字):字样名设为 H;字体名选 T 仿宋 GB-2312;宽度因子(W)为 0.75;其余参数不变。数字、字母字样(用于标注尺寸,写数字、字母):字样名设为 s;字体名选 romanc.shx 或者选 T Batang;宽度比例 W 为 0.75;倾斜角度(O)为 15;其余参数不变。

2.7.3 注写单行文字

在注写单行文字时,每行文字是一个图元,可对其进行重新定位、重新调整格式或进行其他修改。

1. 执行途径

执行注写单行文字的途径有两种:

(1)【绘图】→【文字】→【单行文字】。

(2) 命令:DTEXT,TEXT[或直接输入 DT(dt),T(t)]。

2. 操作提示

执行 DTEXT 或 TEXT 命令,系统提示:

指定文字的起点或[对正(J)/样式(S)]:

各选项的含义如下:

(1) 文字的起点:用户输入文字的起点后,系统提示:

指定高度<2.500 0>:(指定文本的高度)

指定文字的旋转角度<0>:(指定文本行的倾斜角度)

输入文字:

输入一行文字后,可回车换行,或移动鼠标并单击,以改变文本的输入位置。

(2) 对正(J):该选项用于确定文字的对齐方式。执行该选项后,系统提示:

对齐(A)/调整(F)/中心(C)/中间(M)/右(R)/左上(TL)/中上(TC)/右上(TR)/左中(ML)/正中(MC)/右中(MR)/左下(BL)/中下(BC)/右下(BR):

这里有 14 种对齐方式供用户选择,各种对齐方式的含义如下:

对齐(A):指定文本基线的起点和终点,系统调整文本高度使其位于两点之间。

调整(F):指定文本基线的起点和终点,系统调整文本宽度使其位于两点之间,文本高度不变。

其余 12 种对齐方式如图 2-34 所示。这些对齐方式在注写文本时很有用，特别是在特定区域内，需要采用特殊的对齐方式。

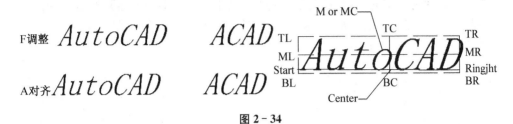

图 2-34

(3) 样式(S)：该选项用于设置定义过的文字样式。执行该选项，系统提示：
输入样式名或者【?】<STANDARD>：
在此提示下输入文字样式名，或输入【?】，以显示已有的文字样式。

3. 控制码及特殊字符

在绘图时，有时需要在图纸上标注一些特殊字符。由于这些特殊字符不能直接从键盘输入，为此 AutoCAD 提供了控制码来实现。控制码是两个百分号【%%】，下面是常用的控制序列：

%%O——打开或关闭文字上画线；
%%U——打开或关闭文字下画线；
%%D——标注【度】符号(°)；
%%P——标注【正负公差】符号(±)；
%%%——标注百分号%；
%%C——标注直径符号 Φ；
%%nnn——标注 ASCII 码为 nnn 的字符。

例如在注写文字时输入以下内容：45%%D%%C50%%P0.012 显示的结果应是：45°Φ50±0.012。

2.7.4 注写多行文字

如果在图中输入的文本较多时，可用 MTEXT 的方式注写多行文字。多行文字由任意数目的单行文字或段落组成。无论文字有多少行，每段文字构成一个图元。可以对其进行各种编辑操作。多行文字有更多编辑项，可用下划线、字体、颜色和文字高度来修改段落。

1. 执行途径

执行注写多行文字的途径有三种：
(1)【绘图】工具栏→【多行文字】按钮 A。
(2)【绘图】→【文字】→【多行文字】。
(3) 命令：MTEXT[或直接输入 MT(mt)]。

2. 操作提示

执行 MTEXT 命令，系统提示：
指定第一角点：(确定一点)
指定对角点或[高度(H)/对正(J)/行距(L)/旋转(R)/样式(S)/宽度(W)]：

各选项含义如下:
(1) 指定对角点:指定第一点后移动鼠标,拖出一个矩形。再指定对角点,即可确定矩形,该矩形即是注写文字的区域,此时屏幕弹出一个【多行文字编辑器】对话框,如图 2-35 所示。利用该框可以设置文本格式、输入文本、输入由其他文本编辑器生成的文件。【多行文字编辑器】对话框的详细内容见下图。

图 2-35 【多行文字编辑器】对话框

(2) 高度(H):确定文本的字高。用户输入文本高度后,命令行仍显示原来的提示。
(3) 对正(J):确定文本的方式。这里的对齐方式与 DTEXT 命令中的同名对齐方式相同,故不赘述。
(4) 行距(L):对文本间的行距进行控制。
(5) 旋转(R):确定文本行的旋转角度。
(6) 样式(S):确定注写文本时所使用的文本样式。
(7) 宽度(W):确定文本行的宽度。

3. 【多行文字编辑器】对话框

【多行文字编辑器】对话框用来控制文本的现实特性。可以在输入文本之前设置文本的特性,也可以改变已输入文本的特性。下面把选项卡中各部分的功能介绍一下:
(1)【样式】下拉列表框:该下拉列表框用来选择已定义的文本样式作为当前应用样式。
(2)【字体】下拉列表框:确定或修改多行文本采用的字体,列表中按字母顺序列出了所有可选的字体文件,包括 AutoCAD 形状字体(SHX)和 TrueType 字体等。
(3)【高度】下拉列表框:该下拉列表框用来确定文本的字符高度,可在文本编辑框中直接输入新的字符高度,也可在下拉列表中选择已设定过的高度。
(4)【B】和【I】按钮:这两个按钮用来设置黑体和斜体效果。
(5)【U】按钮:该按钮设置或取消下划线。
(6)【↙】与【↓】按钮:这两个按钮,用来取消和恢复最近一次编辑操作。
(7)【堆叠】按钮:该按钮为层叠/非层叠文本按钮,用于层叠所选的文本,也就是创建分数形式。当文本中某处出现"/""^"或"♯"这三种层叠符号之一时可层叠文本,方法是选中需层叠的文字,然后单击此按钮,则符号左边文字作为分子,右边文字作为分母。AutoCAD 提供了三种分数形式,例如"abcd/efgh"后单击此按钮,得到如图 2-36(a)所示的形式;如果选中"abcd^efgh"后单击此按钮,则得到图 2-36(b)所示的形式,此形式多用于标注极限偏差;如果选中"abcd♯efgh"后单击此按钮,则创建斜排的分数形式如图 2-36(c)所示。如果选中已经层叠的文本对象后单击此按钮,则文本恢复到非层叠形式。
(8)【颜色】下拉列表框:该下拉列表框用来设置或改变文本的颜色,默认值是 ByLayer。

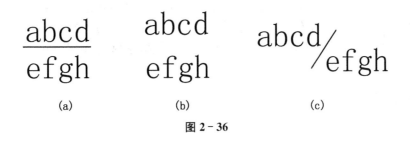

图 2-36

2.7.5 右键快捷菜单

在多行文字绘制区域,单击鼠标右键,系统打开右键快捷菜单,如图 2-37 所示。

提供标准编辑选项和多行文字特有的选项。在多行文字编辑器中单击右键以显示快捷菜单。菜单顶层的选项是基本编辑选项:全部选择、剪切、复制、粘贴和选择性粘贴。后面的选项是多行文字编辑器特有的选项。下面介绍部分选项的作用。

(1) 符号:在光标位置插入列出的符号或不间断空格。也可以手动插入符号。在【符号】列表中单击【其他】将显示【字符映射表】对话框,可以插入特殊字符。

(2) 输入文字:显示【选择文件】对话框。选择任意 ASCII 或 RTF 格式的文件。输入的文字保留原始字符样式和样式特性,但可以在多行文字编辑器中编辑和格式化输入的文字。选择要输入的文本文件后,可以替换选定的文字或全部文字,或在文字边界内将插入的文字附加到选定文字中。输入文字的文件必须小于 32 K。

(3) 段落对齐:设置多行文字对象的对正和对齐方式。【左上】选项是默认设置。在一行的末尾输入的空格也是文字的一部分,它会影响该行文字的对正。文字根据其左右边界进行置中对正、左对正或右对正。文字根据其上下边界进行中央对齐、顶对齐或底对齐。各种对齐方式与前面所述类似,不再赘述。

图 2-37

(4) 查找和替换:显示【替换】对话框,如图 2-38 所示。在该对话框中可以进行替换操作,操作方式与 Word 编辑器中替换操作类似,不再赘述。

图 2-38 【替换】对话框

(5) 改变大小写:改变选定文字的大小写。可以选择【大写】或【小写】。

(6) 自动大写:将所有新输入的文字转换成大写。自动大写不影响已有的文字。要改变已有文字的大小写,请选择文字,单击右键,然后在快捷菜单上单击【改变大小写】。

2.8 图案填充

设计者在机械设计、建筑设计等设计绘图中,需要在某些区域内填入某种图案(例如剖面线),这种操作称为图案填充。AutoCAD为用户提供了图案填充功能。在进行图案填充时,用户需要确定的内容有三个:填充的区域、填充的图案、图案填充方式。

2.8.1 填充操作

1. 执行途径

执行图案填充的途径有三种:

(1) 【绘图】工具栏→【图案填充】按钮 。

(2) 【绘图】→【图案填充】。

(3) 命令:BHATCH,HATCH。

2. 操作示例

下面以图2-39(a)所示图案为例,说明执行图案填充的步骤。图2-39(b)是执行图案填充的结果。操作如下:

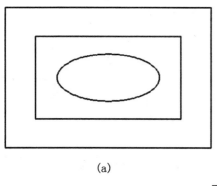
(a)

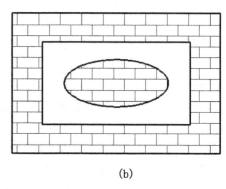
(b)

图 2-39

(1) 选取【图案填充】按钮,屏幕弹出一个【图案填充和渐变色】对话框,如图2-40所示。

(2) 单击【图案】右侧的按钮,弹出【填充图案选项板】对话框。

(3) 选择图案【BRICK】,选取【确定】按钮。

(4) 选取【拾取点】按钮,此时命令行提示:

选择内部点:

(5) 在图形最外轮廓线内部单击鼠标,此时图线高亮显示。

(6) 回车,结束填充区域的选择。

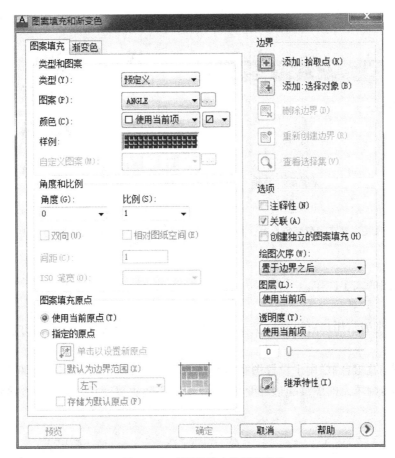

图 2-40 【图案填充和渐变色】

(7) 选取【确定】按钮,完成图案填充。

2.8.2 确定填充图案

用户在利用【边界图案填充】对话框进行图案填充时需要确定图案类型和有关的属性。在对话框中有一个【类型】列表框,选取列表框,显示出三种图案类型:预定义、用户定义和自定义,如图 2-41(a)所示。

(1) 预定义类型

预定义类型表示利用 AutoCAD 标准图案文件(ACAD.PAT)中的填充图案。选取【图案】右侧的按钮,弹出一个【填充图案选项板】对话框,如图 2-41(b)所示,该对话框中显示出标准填充图案,用户可以从中选择所需的图案。

机械图中规定使用的金属剖面线的图案名称为 ANSI31,非金属剖面线为 ANSI37。

(2) 用户定义类型

用户定义类型表示用户可以临时定义一种填充图案,这种图案是 45°平行线(即剖面线)。使用这种类型的图案,便于用户控制剖面线的间距和角度,虽然预定义类型中也提供类似的图案,但用户自己定义的剖面线更容易控制。执行该选项后,有两个控制项可供设置:【角度】列表用于设置剖面线的角度,通常设为 45 或 135;【间距】用于设置剖面线的间

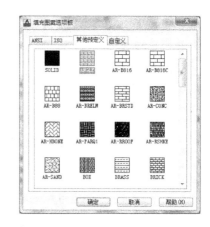

(a)【图案填充和渐变色】对话框　　　(b)【填充图案选项板】对话框

图 2-41

距,通常根据图的大小决定。

(3) 自定义类型

自定义类型表示用户可以自己定义填充图案。关于自定义填充图案的方法请参见其他有关资料。

对话框中的【组合】栏用于设置图案与其边界是否关联。当填充处于关联状态时,若对边界进行编辑,则填充的图案随边界变化,否则图案不随边界变化。图 2-42 显示了填充关联与否的状态。

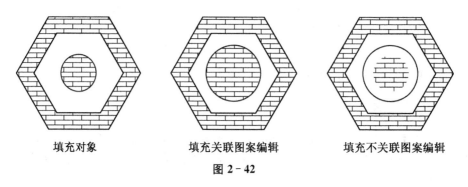

填充对象　　　　填充关联图案编辑　　　　填充不关联图案编辑

图 2-42

2.8.3 确定填充区域

1. 有关的概念

(1) 边界:边界可以是线段、圆弧、圆、二维多段线、椭圆、椭圆弧、样条曲线、块和图纸空间视口的任何组合。每个边界组成部分至少应该是部分处于当前视图内。缺省时,AutoCAD 通过分析当前视图的所有封闭对象来定义边界。

(2) 孤岛:在图案填充中,位于填充区域内部的封闭区域称为孤岛。孤岛内的封闭区域也是孤岛,即孤岛可以嵌套。

2. 确定填充区域的方法

在【边界图案填充】对话框中,确定填充区域有如下两种方法:

(1)【拾取点】方法:【拾取点】按钮在封闭的边界内部拾取一点,确定填充边界。选取该按钮,系统临时关闭对话框,并在命令行提示"[选择内部点]:"。此时用户在填充区域内任意选取一点,若边界封闭,系统会自动以高亮显示确定出填充边界;如果不能形式一个封闭的填充边界,系统会给出一个错误信息。确定了内部点(一个或多个)后,按回车键即可重新显示对话框。

(2)【选择对象】方法:【选择对象】按钮用于已选择对象的方式确定填充边界。选取该按钮,系统临时关闭对话框,并在命令行提示"选择对象:"。此时用户可根据选择对象,构成填充边界。利用【选择对象】按钮确定填充边界,通常用于填充边界不封闭的情况。

图 2-43 是填充的不同效果。

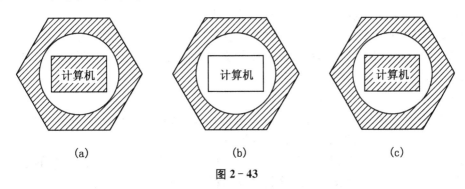

图 2-43

2.8.4 确定图案填充方式

AutoCAD 提供了三种图案的填充方式:普通、外部和忽略。

图 2-44 图案填充方式

在普通填充方式中,当填充图案遇到特殊对象(例如文本、属性等)时,会自动断开,以免影响特殊对象的清晰度。

2.9 上机实践

绘制图 2-45 的内容。

1. 绘制图 2-45 中图(a)

(1) 调用矩形(RECTANG)命令(左键单击绘图工具栏的矩形图标或采用其他输入命令的方法),画矩形:利用相对坐标法输入左下角点、右上角点坐标。

(2) 调用直线(LINE)命令,打开状态栏的对象捕捉,单击右键选设置,在对话框中设置需要的捕捉方式,确定。利用中点捕捉画两条中线。

(3) 调用椭圆(ELLIPSE)命令(左键单击绘图工具栏的椭圆图标或用其他方法)选中点为椭圆圆心的方式(CENTER),捕捉两中线的交点为椭圆心,给出长半径和短半径,完成作图(注意:先给出的半径的方向将决定椭圆的方向)。

2. 绘制图 2-45 中的图(b)

(1) 调用圆(CIRCLE)命令,画圆;重复圆的命令(直接回车或左键单击圆的命令的图标),捕捉圆心,画同心圆;重复圆的命令,画另一圆。

(2) 调用直线命令,打开捕捉工具,选切点捕捉,捕捉圆的切点,确定切线的第一点,捕捉另一圆同一侧的切点,完成切线的绘制;如法炮制,画另一切线,完成图(b)。

3. 画图 2-45 中的图(c)

调用多段线(PLINE)命令,画图 2-45 中的图(c)外框,利用其选项"直线(L)/圆弧(ARC)"的转换,画直线和圆弧;再调用"椭圆、正多边形(POLYGON)、圆、圆环(DONUT)、直线"命令画图框中的其他图形(图中平行四边形调用直线命令,利用对应边相等的关系,采用直接距离输入法确定两对应边的边长,完成全图。正多边形输入命令后,给出边数,确定"圆心 C"或选"边 E",如果选圆心,则选"内接正多边形 I/外切正多边形 C",确定圆的半径。圆环的命令只能从菜单或命令行输入,其后提示输入圆环的内径,再提示输入外径,确定圆环的圆心)。

赋名存盘,退出 AutoCAD。

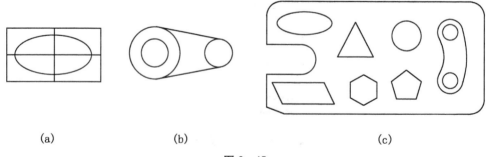

(a) (b) (c)

图 2-45

习 题

习题 2-1 抄画下列平面图形,不标注尺寸。

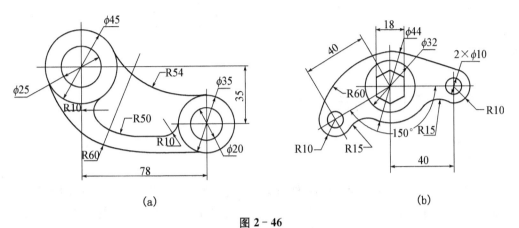

图 2-46

习题 2-2 按 1∶1 比例绘制下列平面轮廓图形。

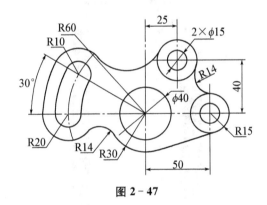

图 2-47

习题 2-3 完成下列图形填充,不标注尺寸。

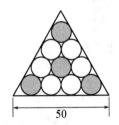 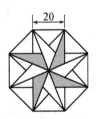

图 2-48

第3章 二维图形的编辑方法

图形编辑是对图形进行修改、移动、复制和删除等操作。AutoCAD 2013 为用户提供了三十多种图形编辑命令,在实际绘图中绘图命令与编辑命令交替使用,可节省大量的绘图时间。本章将详细介绍图形编辑的各种方法。

3.1 【修改】下拉菜单及工具栏

3.1.1 【修改】下拉菜单

点取下拉菜单中的【修改】菜单项,即可显示出【修改】下拉菜单,如图3-1所示。将光标移到【修改】菜单的某一命令上,状态行内便显示出该命令的功能。用鼠标单击某一命令,即可执行该命令。用户可根据命令提示行中的提示进行操作。

图 3-1 【修改】下拉菜单及工具栏

3.2.2 【修改】工具栏

【修改】工具栏缺省位置是在操作界面的左端,为了便于说明,在图3-1中被拖拽到右边。大部分编辑操作都通过该工具栏进行。

3.2 构造选择集及快速选取对象

3.2.1 构造选择集

当用户执行某个编辑命令时,命令行提示为"选择对象:",此时系统要求用户从屏幕上选择要进行编辑的对象,即构造选择集,并且十字光标变成了一个小方框(即拾取框)。编辑对象时需要构造对象的选择集。选择集可以是单个的对象,也可以由多个对象组成。用户可以在执行编辑命令之前构造选择集,也可以选择编辑命令之后构造选择集。可以使用下列任意一种方法构造选择集:

(1) 选择编辑命令,然后选择对象并回车。
(2) 输入 SELECT,然后选择对象并回车。
(3) 用定点设备选择对象。

AutoCAD 2013 提供了十几种选择对象的方法,下面介绍几种主要方法。

1. 点选

点选是缺省的选择方式,用拾取框直接去选择对象,选中的目标以高亮度显示。选中一个对象后。命令行提示仍然是【选择对象】,用户可以接着选择。选完后回车结束对象的选择。

选择模式和拾取框的大小可以通过【选项】对话框进行设置,操作如下:

执行【工具】→【选项】命令,屏幕弹出【选项】对话框,点取【选择】标签,如图 3-2 所示。利用该标签可以设置选择模式和拾取框的大小。

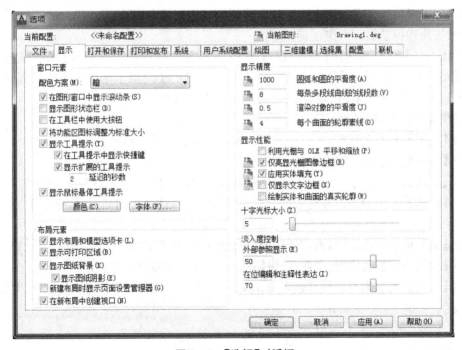

图 3-2 【选择】对话框

2. W(Window)窗口方式

利用矩形窗口选取对象。在【选择对象】提示下输入 W 并回车,系统要求输入矩形窗口的两个对顶点。确定矩形窗口后,窗口内的对象被选中,窗口外和被窗口压住的对象均不能被选中。

3. C(Crossing)交叉窗口方式

利用矩形窗口选取对象。在【选择对象】提示下输入 C 并回车,系统要求输入矩形窗口的两个对顶点。确定矩形窗口后,窗口内及被窗口压住的对象均被选中。

4. 全部(ALL)方式

在【选择对象】提示下输入 ALL 并回车,则全部对象均被选中。

以上是最常用的四种方法。

5. 多目标(Multiple)方式

在【选择对象】提示下输入 M 并回车,接着选取对象,对象选中后不变虚也不增亮,这样可加快选取操作。

6. WP(WPolygon)不规则窗口方式

该方式与 W 窗口方式类似,但选择框为任意多边形。

7. CP(CPolygon)交叉窗口方式

该方式与 C 交叉窗口方式类似,但选择框为任意多边形。

8. F(Fence)围线方式

该方式与 CP 窗口方式类似,但它不用围成一个封闭的多边形。与围线相交的对象均被选中。

3.2.2 快速选择对象

快速选择对象可以同时选中具有相同特征的多个对象,并可以在对象特性管理器中建立并修改快速选择参数。操作过程如下:

执行【工具】→【快速选择】命令,或右键单击,在显示的快捷菜单里选择【快速选择】命令,如图 3-3(a)所示。例如,在【特性】区内部选择【线型】,在【值】列表框中选【CENTER】,点取【确定】按钮,则图中的点画线全部被选中,如图 3-2(b)所示。

在【快速选择】对话框里有以下选项:

(1)【应用到】:确定范围,可以是整张图也可以是当前的选择集。

(2)【对象类型】:指出要选择的对象类型。

(3)【特性】:在该表中列出了作为过滤依据的对象特性。

(4)【运算符】:用四种运算符来确定所选择特性与特性值之间的关系,有等于、大于、小于和不等于。

(5)【值】:根据所选特性,指定特性的值,也可以从列表中选取。

(6)【如何应用】:选择"包含在新选择集中"或"排除在新选择集之外"。

(7)【附加到当前选择集】:该选项是让用户多次运用不同的快速选择,从而产生累加的选择集。

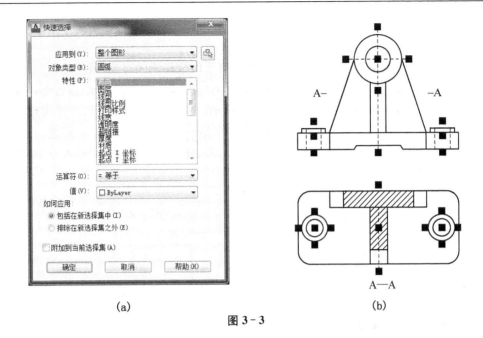

图 3-3

3.2.3 循环选择对象

在构造选择集时,如果一个对象与其他某些对象相距很近或重叠,直接选取该对象是很困难的。用户可以使用【循环选择对象】法解决这个问题。循环对象选择的操作过程如下:

(1) 在【选择对象】提示下,按住 Ctrl 键,将拾取框压住将要选择的对象并单击鼠标右键。

(2) 此时拾取框所压住的对象之一被选中,如果该对象不是要选的对象,则松开 Ctrl 键。

(3) 重复单击鼠标右键,直到要选择的对象高亮显示。图 3-4 中有一条直线、一个六边形和一个圆位于拾取框的作用范围内,其中(a)、(b)、(c)分别为使用【循环选择对象】法依次选定的对象。

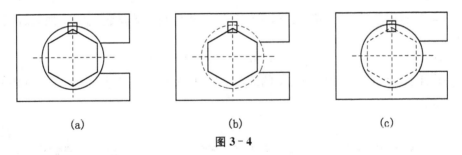

图 3-4

3.3 使用夹点进行编辑

使用夹点功能可以方便地进行移动、旋转、缩放、拉伸等编辑操作,这是编辑对象非常方便和快捷的方法,应熟练掌握。

3.3.1 夹点概念

使用【先选择后编辑】方式选择对象时,用户可点取欲编辑的对象,或按住鼠标左键拖出一个矩形框,框住欲编辑的对象,松开后,所选择的对象上就出现若干个小正方形,同时对象高亮显示。这些小正方形称为夹点,如图 3-5 所示。夹点是对象上特殊位置的点,标记对象上的控制位置,夹点的大小及颜色可以在图 3-2 所示的【选项】对话框中调整。若要移去夹点,可按 Esc 键。要从夹点选择集中移去指定对象,请在选择对象的同时按下 Shift 键。

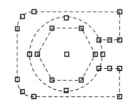

图 3-5

3.3.2 使用夹点进行编辑

要使用夹点进行编辑,需选择一个夹点作为基点,方式是:将十字光标的中点对准夹点,单击鼠标右键,此时夹点即成为基点,并且显示为红色小方块。利用夹点进行编辑的模式有:【拉伸】、【移动】、【旋转】、【比例】或【镜像】。可以用空格键、回车键或快捷菜单(单击鼠标右键弹出快捷菜单)循环模式切换这些模式。

下面以图 3-6 所示图形为例说明使用夹点进行编辑的方法。操作如下:

(1) 选择图形,显示夹点,如图 3-6(a)所示。

(2) 点取图形右下角夹点,命令行提示为:

指定拉伸点或[基点(B)/复制(C)/放弃(U)/退出(X)]:

鼠标移动拉伸图形,如图 3-6(b)所示。

(3) 单击右键弹出快捷菜单,选择【旋转】命令,将编辑模式从【拉伸】切换到【旋转】,如图 3-6(c)所示。

(4) 单击鼠标并回车,即可使图形旋转。

有关拉伸、移动、旋转、比例和镜像的编辑功能,以及利用夹点进行编辑的详细内容见下面相应章节。

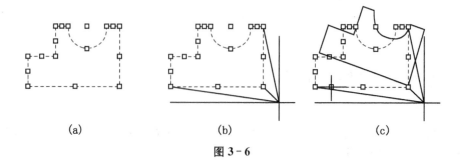

图 3-6

3.4 删除与取消的使用

不需要的图形在选中后可以删除,如果删除有误,还可以利用有关命令恢复。

3.4.1 删除

1. 执行途径

执行删除的途径有三种:

(1)【修改】工具栏→【删除】按钮 。

(2)【修改】→【删除】。

(3) 命令:ERASE[或直接输入 E(e)]。

2. 操作示例

(1) 用窗口选择欲删除的对象,如图 3-7(a)所示。

(2) 选中的对象高亮显示,如图 3-7(b)所示。

(3) 点击修改工具栏内的【删除】按钮,结果如图 3-7(c)所示。

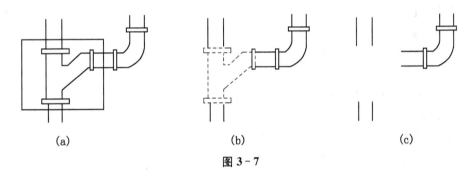

图 3-7

3. 说明

(1) 在【选择对象】提示下选取对象后,系统会继续提示【选取对象】,用户可以变换选择对象的方式继续选择对象。选择完后,按回车或按空格键结束选择对象的操作。

(2) 用 ERASE 命令删除的对象,可以用 OOPS 命令来恢复。

3.4.2 取消

对于用户的操作,无论是编辑、绘图还是其他操作,如果操作有误,或对操作结果不满意,均可执行直接取消操作。输入 U 并连续回车,可以连续取消前面的操作。

1. 执行途径

执行途径的取消有三种:

(1)【标准】工具栏→【放弃】按钮 。

(2)【编辑】→【放弃】。

(3) 命令:UNDO[或直接输入 U(u)]。

2. 恢复刚刚取消的操作

如果取消有误,可以用下列操作恢复刚刚取消的操作。执行途径如下:

(1)【标准】工具栏→【重做】按钮 ↷。

(2)【编辑】→【重做】。

(3) 命令:REDO。

3.5 调整对象位置

在编辑对象时,用户可以调整对象的位置,包括移动、对齐和旋转。

3.5.1 移动

移动对象是将对象位置平移,而不改变对象的方向和大小。如果要精确地移动对象,需要配合使用捕捉、坐标、夹点和对象捕捉模式。

1. 执行途径

执行移动的途径有三种:

(1)【修改】工具栏→【移动】按钮 ✥。

(2)【修改】→【移动】。

(3) 命令:MOVE[或直接输入 M(m)]。

2. 操作实例

将图 3-8(a)中左图移动到右图上,左图的圆心与右图中心线对正。操作如下:

(1) 从【修改】工具栏中点取【移动】按钮。

(2) 用窗口选择框选择图 3-8(a)中左图,回车以结束选择对象。

(3) 捕捉圆心作为移动的基点。

(4) 捕捉图 3-8(a)中右图中心线的交点,以指定第二个位移点。

(5) 单击鼠标第二个位移点,即可将图形移动,如图 3-8(b)所示。

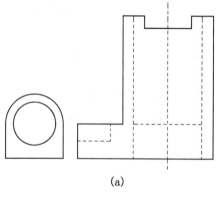
(a)

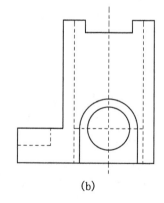
(b)

图 3-8

3. 说明

(1) 如果在"【指定位移的第二点】:"提示下不输入仅按回车键,则第一次输入的值为相对坐标@X,Y。选择的对象从当前的位置以第一次输入的坐标为位移量而移动。

(2) 可以使用夹点进行移动。当所操作的对象选取基点后,按空格键以切换到【移动】模式。

3.5.2 对齐

可通过移动、旋转或倾斜一个对象来使该对象与另一个对象对齐。此命令既适用于三维对象,也适用于二维对象。

1. 执行途径

执行对齐的途径有两种:

(1) 【修改】→【三维操作】→【对齐】。

(2) 命令:ALIGN。

2. 操作实例

例如:用窗口选择框选择要对齐的对象去对齐管道段。操作步骤如下:

(1) 执行 ALIGN 命令。

(2) 用窗口选择要对齐的对象,如图 3-9(a)所示。

(3) 指定第一个源点[图 3-9(b)中的点 3],然后指定第一个目标点[图 3-9(b)中的点 4]。

(4) 指定第二个源点[图 3-9(b)中的点 5],然后指定第二个目标点[图 3-9(b)中的点 6]。回车,此时系统提示"是否基于对齐缩放对象?[是(Y)/否(N)]〈N〉:"。

(5) 输入 Y 并回车,即可缩放对象并使对齐点对齐,如图 3-9(c)所示。

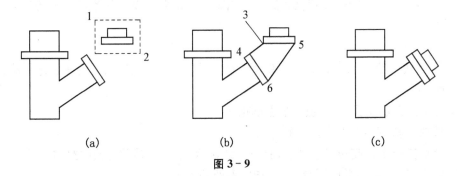

图 3-9

3.5.3 旋转

旋转是将所选对象绕指定点(即基点)旋转指定的角度,以便调整对象的位置。

1. 执行途径

执行旋转的途径有三种:

(1) 【修改】工具栏→【旋转】按钮 ○。

(2) 【修改】→【旋转】。

(3) 命令:ROTATE[或直接输入 RO(ro)]。

2. 操作实例

下面将图 3-10(a)所示的图形旋转到图 3-10(c)所示的位置：

(1) 点取【修改】工具栏中【旋转】按钮。

(2) 选择要旋转的对象并回车。

(3) 为旋转指定基点,如图 3-10(b)所示的圆心。

(4) 输入旋转角度-90°,单击鼠标右键即可旋转图形,如图 3-10(c)所示。

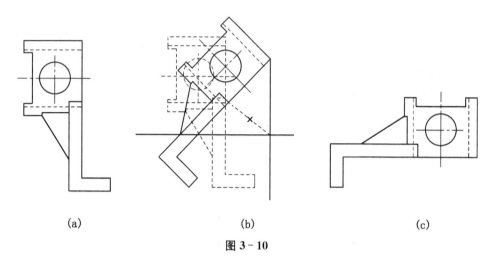

(a)　　　　　　　　　(b)　　　　　　　　　(c)

图 3-10

3. 说明

旋转操作需要用户指定一个基点和一个相对(或绝对)旋转角。指定一个相对角度从对象当前的方向根据相对角度围绕基点旋转对象。对象是按照逆时针还是按照顺时针旋转,由【图形单位】对话框中的【方向】设置决定。指定一个绝对角度会从当前角度将对象旋转到新的绝对角度。

4. 按照参照旋转

用户可以使用参照旋转来旋转对象。下面以图 3-11 为例说明使用参照进行旋转的方法,操作如下：

(1) 点取【修改】工具栏中的【旋转】按钮。

(2) 选择倾斜矩形作为要旋转的对象。

(3) 捕捉交点 1 为旋转指定基点,此时系统显示"指定旋转角度或[参照(R)]:"。

(4) 输入 R 并回车,此时系统提示"指定参照角<0>:"。

(5) 捕捉交点 1,开始定义参照角。如图 3-11(b)所示。

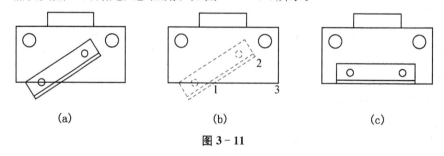

(a)　　　　　　　　　(b)　　　　　　　　　(c)

图 3-11

(6) 捕捉端点 2,完成参照角的定义。此时系统显示"指定新角度:"。

(7) 捕捉要与之对齐对象的端点 3,完成参照旋转。如图 3-11(c)所示。

3.6 利用一个对象生成多个对象

AutoCAD 2013 提供了利用一个对象生成多个相同或相似对象的方法,包括复制、镜像、阵列和偏移等操作。

3.6.1 复制

根据需要,选择的对象可以复制一次,也可以复制多次(即多重复制)。在复制对象时,需创建一个选择集并为复制对象指定起点和终点。这两点分别称为基点和第二个位移点。

1. 执行途径

执行复制的途径有三种:

(1)【修改】工具栏→【复制】按钮 。

(2)【修改】→【复制】。

(3) 命令:COPY[或直接输入 CO(co)]。

2. 操作示例

将图 3-12(a)中左上角的圆及中心线复制到另外五个位置。操作如下:

(1) 点取【修改】工具栏中的【复制】按钮。

(2) 用窗口选择框选择要复制的对象,回车,此时系统提示为"指定基点或位移:"。

(3) 利用对象捕捉,捕捉欲复制对象的圆心作为复制的基点,回车,此时系统提示"指定位移的第二点或<用第一点作位移>:"。

(4) 根据状态行的坐标显示确定复制的距离,连续复制,结果如图 3-12(b)所示。

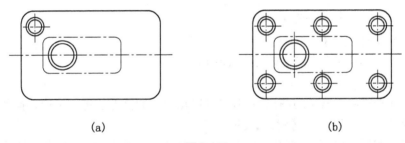

(a)　　　　　　　　　　　　(b)

图 3-12

3. 说明

(1) AutoCAD 2013 将复制默认为多重复制。

(2) 对称结构可以使用镜像来实现,详见下文。

4. 利用夹点进行多重复制

可以在任何夹点模式下创建多个复制对象。例如,可以选择一个选择集,在鼠标指定的每一个位置留下选择的对象,这是创建简单阵列的一种快速而简单的方法。

下面通过图 3-13 介绍旋转模式下进行多重复制的操作,步骤如下:

(1) 绘制一个椭圆,如图 3-13(a)所示。
(2) 选择要旋转的椭圆。
(3) 将椭圆最下端的夹点作为基点。
(4) 按空格键,切换到旋转模式。
(5) 输入 C 并回车。
(6) 将对象旋转到一个新位置。该对象被复制,并围绕基点旋转,如图 3-13(b)所示。
(7) 继续旋转并输入一定的角度以便复制多个对象,回车结束操作,结果如图 3-13(c)所示。

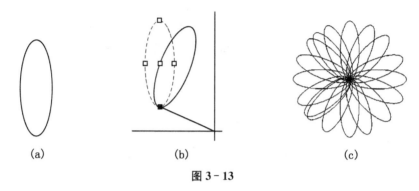

图 3-13

3.6.2 镜像

将指定的对象按给定的镜像线做反像复制,即镜像。镜像操作适用于对称图形,是一种常用的编辑方法。

1. 执行途径

执行镜像的途径有三种:

(1)【修改】工具栏→【镜像】按钮。
(2)【修改】→【镜像】。
(3) 命令:MIRROR[或直接输入 MI(mi)]。

2. 操作实例

下面以图 3-14(a)所示的图形为例,将其以点画线为镜像线进行镜像。操作如下:

(1) 从【修改】工具栏点取【镜像】按钮。
(2) 用窗口选择要镜像的对象,回车,此时系统提示"指定镜像线的第一点:"。
(3) 指定镜像线的第一点[图 3-14(b)中的 1 点]。
(4) 指定镜像线的第二点[图 3-14(b)中的 2 点],回车,系统提示"是否删除对象[是(Y)/否(N)]<N>:(输入 N)"。
(5) 回车保留对象,镜像结果如图 3-14(c)所示。

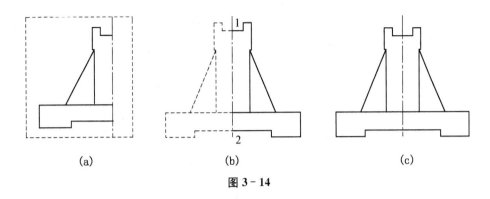

图 3-14

3. 说明

(1) 镜像与复制的主要区别在于,镜像是将对象反像复制。镜像适用于对称物体。

(2) 镜像线由两点确定,可以是已有的直线,也可以直接指定两点。

4. 文本镜像

文本(包括属性,但不包括尺寸标注)镜像受 Mirrtext 系统变量控制。Mirrtex 只影响用 TEXT,DTEXT 或 MTEXT 命令创建的文本、属性定义以及变量属性,插入块内的文本和属性值是作为镜像整个块的一个结果被镜像的。不管 Mirrtex 的设置如何,这些对象都会被倒置。图 3-15(a)中的文本使用 TEXT 注写。系统变量 Mirrtex 缺省设置(即值为 1)时,文本镜像,如图 3-15(b)所示。如果该变量设置为 0,则文本将具有镜像前[图 3-15(a)]相同的对齐和对正方式,如图 3-15(c)所示。

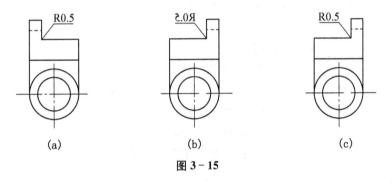

图 3-15

3.6.3 阵列

阵列是按矩形或环形形式复制对象或选择集。对于矩形阵列,可以控制行和列的数目以及间距。对于环形阵列,可以控制复制对象的数目和旋转角度。图 3-16(a)、(b)分别是矩形阵列和环形阵列的示例。

1. 执行途径

执行阵列的途径有三种:

(1)【修改】工具栏→【阵列】按钮。

(2)【修改】→【阵列】。

(3) 命令 ARRAY[或直接输入 AR(ar)]。

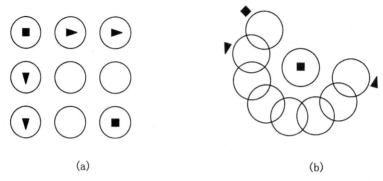

图 3-16

2. 创建矩形阵列

以图 3-16(a)所示的对象(3 行 3 列矩阵)为例,说明创建矩形阵列的步骤。

(1) 点取【修改】工具栏中的【矩形阵列】按钮。

(2) 点取【选择对象】按钮,选择阵列对象[图 3-16(a)阵列中左上角的圆形]。

(3) 由第三行第一个圆中的三角符号决定行数。由第二行第一个圆中的三角符号决定行距。

(4) 由第三列第一个圆中的三角符号决定列数。由第二列第一个圆中的三角符号决定列距。

(5) 由阵列中右下角的圆形中的矩形符号决定行数、列数及行、列的阵列方向。

(6) 由阵列中左上角的圆形中的矩形符号决定项目数。

4. 创建环形阵列

点取【修改】工具栏的【阵列】按钮。

(1) 点取【修改】工具栏中的【环形阵列】按钮。

(2) 点取【选择对象】按钮,选择阵列对象[图 3-16(b)阵列中心圆形]。

(3) 由第一个圆外的矩形符号决定阵列半径。

(4) 由第二个圆外的三角符号决定每个圆之间的角度。

(5) 由阵列中最后一个圆外的三角符号决定阵列个数。

3.6.4 偏移

偏移是根据确定的距离和方向,创建一个与选择对象相似的新对象。可以偏移的对象包括直线、圆弧、圆、二维多段线、椭圆、椭圆弧、参照线、射线和平面样条曲线等。

1. 执行途径

执行偏移的途径有三种:

(1) 【修改】工具栏→【偏移】按钮 。

(2) 【修改】→【偏移】。

(3) 命令:OFFSET[或直接输入 OF(of)]。

2. 操作示例

下面通过具体的实例说明偏移对象的操作。

利用 PLINE 命令绘制多段线图形,如图 3-17(a)所示。

点取【修改】工具栏的【偏移】按钮,系统提示"指定偏移距离或通过(T)<1.0000>:"。

输入距离值或用鼠标确定偏移距离。选择要偏移的对象,在图形内任一点单击,确定向内偏移。回车结束命令。偏移结果如图 3-17(b)所示。

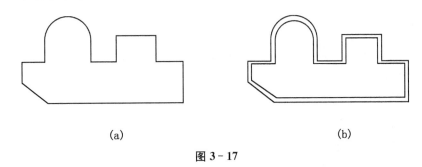

图 3-17

3. 说明

在指定偏移距离或"通过(T)"提示下若输入 T,则需要指定偏移要通过的点。在指定偏移距离后,利用圆的偏移可以生成等半径差的同心圆。利用这种方法绘制较多同心圆时非常实用。

3.7 调整与修改对象尺寸

在绘图时可以对已有的对象调整尺寸,包括缩放,延伸,拉长、修剪和打断等操作。

3.7.1 缩放

1. 执行途径

(1)【修改】工具栏中的【缩放】按钮。

(2)【修改】→【缩放】。

(3) 命令:SCALE[或直接输入 SC(sc)]。

2. 利用比例因子缩放对象

点取【修改】工具栏中的【缩放】按钮。选取要缩放的对象。指定基点。输入比例因子,即可将对象按比例放大或缩小。如图 3-18 所示。

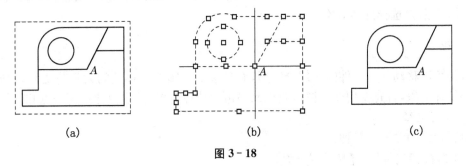

图 3-18

3. 利用夹点进行比例缩放

可以使用夹点的比例缩放模式缩放对象,操作如下:

利用窗口选择对象,如图 3-18(a)所示。选择点 A 作为基点,如图 3-18(b)所示。按空格键切换到夹点的比例缩放模式。输入比例因子 0.8,缩放结果如图 3-18(c)所示。

3.7.2 延伸

延伸是将对象延伸至具有其他对象定义的边界(或隐含边界)。

1. 执行途径

执行延伸的途径有三种:

(1)【修改】工具栏→【延伸】按钮 --/ 。

(2)【修改】→【延伸】。

(3) 命令:EXTEND[或直接输入 EX(ex)]。

2. 操作实例

下面以图 3-19 为例,说明延伸操作的步骤。在图例中,将直线延伸到有一个圆定义的边界。

点取【修改】工具栏中的【延伸】按钮,系统提示"选择对象:"即选择边界对象。选择小圆作为延伸边界对象,如图 3-19(a)中虚线所示。选择要延伸的对象(八条直线),如图 3-19(b)所示,延伸结果如图 3-19(c)所示。

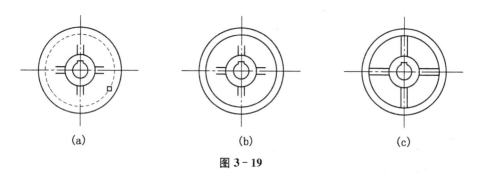

图 3-19

3. 说明

(1) 选择延伸对象时,靠近选点的一端被延长。

(2) 切点也可以作为延伸边界。

(3) 对象可以延伸到隐含边界,但在选择要延伸的对象前,应先执行【边(E)】选项,设置为【延伸(E)】,再选择延伸对象。

3.7.3 拉伸

拉伸可以移动指定文件的一部分图形,而与这部分图形相连接的元素将受到拉伸或压缩。要拉伸对象,首先要用交叉窗口或交叉多边形选择对象,然后拉伸指定基点和位移量。

1. 执行途径

执行拉伸的途径有三种:

(1)【修改】工具栏→【拉伸】按钮。

(2)【修改】→【拉伸】按钮。
(3) 命令:STRETCH[或直接输入 S(s)]。

2. 操作示例

以图 3-20 为例,说明拉伸的操作步骤。

(1) 点取【修改】工具栏内的【拉伸】按钮。
(2) 用交叉窗口(1,2)确定拉伸对象,如图 3-20(a)所示。
(3) 指定拉伸的基点(点 3)和位移量(线段 34),如图 3-20(b)所示。拉伸结果如图 3-20(c)所示。

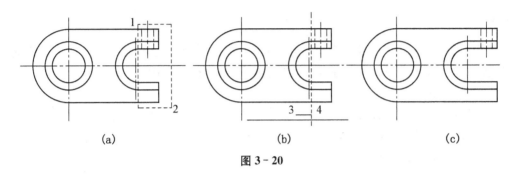

图 3-20

3. 利用夹点拉伸

通过移动夹点可将对象拉伸到新的位置,下面以图 3-21 为例,说明拉伸多个夹点的步骤:

(1) 选择两条直线,显示出的夹点,如图 3-21(a)所示。
(2) 按住 Shift 键并选择两个末端夹点 1,2。
(3) 松开 Shift 键并选择两个末端夹点中的任一个作为基点(例如点 1),如图 3-21(b)所示。
(4) 捕捉点 3,为对象指定新的位置。拉伸结果如图 3-21(c)所示。

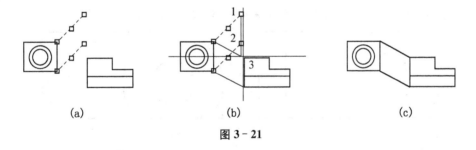

图 3-21

3.7.4 拉长

非闭合的直线、圆弧、多段线、椭圆弧和样条曲线的长度可以通过拉长改变,还可以通过改变圆弧的角度。

1. 执行途径

执行改变长度的途径有两种:

(1)【修改】→【拉长】。
(2) 命令:LENGTHEN[或直接输入 LE(le)]。

2. 操作格式

点取【修改】工具栏中的【拉长】按钮,系统提示为:

选择对象或[增量(DE)/百分数(P)/全部(T)/动态(DY)]:

各选项含义如下:

(1) 增量(DE):用来指定一个增加的长度或角度。

(2) 百分数(P):按对象总长的百分比来改变对象的长度。

(3) 全部(T):指定对象的总的绝对长度或包含的角度。

(4) 动态(DY):用来动态地改变对象的长度。

3.7.5 修剪

用指定的边界(由一个或多个对象定义的剪切边)修剪指定的对象。剪切边可以是直线、圆弧、圆、多段线、椭圆、样条曲线、构造线、射线和图纸空间中的视口。

1. 执行途径

执行修剪的途径有三种:

(1)【修改】工具栏→【修剪】按钮 -/--。

(2)【修改】→【修剪】。

(3) 命令:TRIM[或直接输入 TR(tr)]。

2. 操作格式

以图 3-22 为例说明修剪过程。操作如下:

(1) 点取【修改】工具栏中的【修剪】按钮,系统提示为"选择对象:",即选择剪切边。

(2) 选择大圆和右侧两条水平线作为剪切边[如图 3-22(a)中虚线所示]。

(3) 回车结束剪切边的选择。此时系统提示为:

选择要修剪的对象,按住 Shift 键选择要延伸的对象,或[投影(P)/边(E)/放弃(U)]:

(4) 选择要修剪的对象,完成修剪,结果如图 3-22(b)所示。

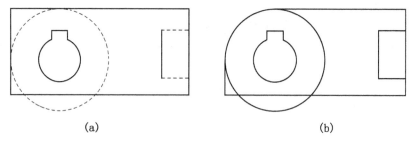

(a)　　　　　　　　　　　　　(b)

图 3-22

3.8 倒角及倒圆角

3.8.1 倒角

倒角是通过延伸(或修剪)手段,使两个非平行的直线类对象相交或利用斜线连接。可以对由直线、多段线、参照线和射线等构成的图形对象进行倒角。

1. 执行途径

执行倒角的途径有三种：

(1)【修改】工具栏→【倒角】按钮 。

(2)【修改】→【倒角】。

(3) 命令:CHAMFER[或直接输入 CHA(cha)]。

2. 操作格式

(1) 点取【修改】工具栏【倒角】按钮,此时系统提示:

选择第一条直线或[多段线(P)/角度(A)/修剪(T)/方法(M)]:

(2) 输入 D(距离)。

(3) 指定第一个倒角距离(缺省为10),例如 30。

(4) 指定第二个倒角距离(缺省为30),例如 50。

(5) 回车重新进入【倒角】命令状态。

(6) 选择第一条倒角直线,如图 3-23(a)所示。

(7) 选择第二条倒角直线,如图 3-23(b)所示。图 3-23(c)显示了倒角结果。

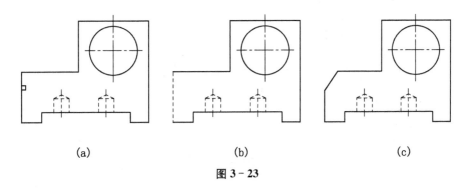

图 3-23

3. 说明

(1) 若设置的倒角距离太大或倒角角度无效,系统会给出错误提示信息。

(2) 当两个倒角距离均为零时,CHAMFER 命令会使选定的两条直线相交,但不产生倒角。

(3) 执行【倒角】命令后,系统提示中各选项的含义如下:

① 多段线(P):对多段线进行倒角。

② 距离(D):确定倒角距离。

③ 角度(A):根据一倒角距离和一角度进行倒角。

④ 修剪(T):用来确定倒角时是否对相应的倒角进行修剪。

⑤ 方法(M):用来确定按距离(D)还是按角度(A)方式进行倒角。

3.8.2 倒圆角

倒圆角是通过一个指定半径的圆弧光滑连接两个对象。可以进行倒角的对象有直线、多段线的直线段、样条曲线、构造线、射线、圆、圆弧和椭圆。直线、构造线和射线在相互平行时也可倒圆角,圆角半径由 AutoCAD 自动计算。

1. 执行途径

执行倒圆角的途径有三种:

(1)【修改】工具栏→【圆角】按钮⌒。

(2)【修改】→【圆角】。

(3) 命令:FILLET[或直接输入 F(f)]。

2. 操作格式

下面利用图 3-24 说明倒圆角的操作步骤:

(1) 点取【修改】工具栏中的【圆角】按钮,此时系统提示为:

选择第一个对象或[多线段(P)/半径(R)/修剪(T)]:

(2) 输入 R(半径),回车,输入圆角半径,例如 30。

(3) 回车重新进入 FILLET 命令状态。

(4) 选择第一个对象,如图 3-24(a)所示。

(5) 选择第二个对象,如图 3-24(b)所示。

(6) 同理,另一端倒圆角。图 3-24(c)显示了倒圆角结果。

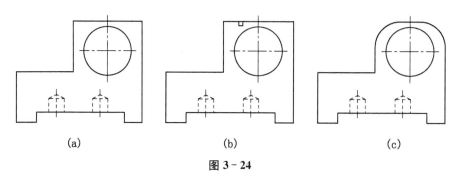

图 3-24

3.9 编辑多线段、多线和样条曲线

3.9.1 编辑多线段

1. 执行途径

执行编辑多线段的途径的两种:

(1)【修改】→【对象】→【多段线】。

(2) 命令:PEDIT[或直接输入 PE(pe)]。

2. 操作格式

输入 PEDIT 命令,点取一条多段线,系统提示如下:

输入选项[闭合(C)/合并(J)/宽度(W)/编辑定点(E)/拟合(F)/样条曲线(S)/非曲线化(D)/线型生成(L)/放弃(U)]:

各选项的含义如下:

(1) 闭合(C)：使多段线闭合。
(2) 合并(J)：把数条相连的非多段线(线段或弧)变成一条多段线。
(3) 宽度(W)：改变多段线的线宽。
(4) 编辑顶点(E)：编辑多段线的某一顶点。
(5) 拟合(F)：将多段线拟合成双圆弧曲线[如图 3-25(a)所示]。
(6) 样条曲线(S)：将多段线拟合成样条曲线[如图 3-25(b)所示]。
(7) 非曲线化(D)：将光滑曲线还原成多段线[如图 3-25(c)所示]。
(8) 线型生成(L)：确定多段线在顶点处的线型。
(9) 放弃(U)：取消 PEDIT 命令的上一次操作。

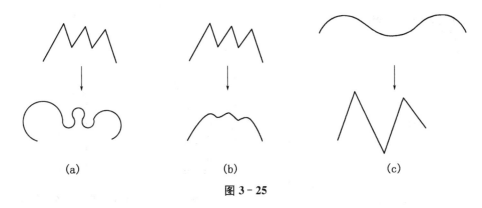

图 3-25

3. 编辑多段线定点

下面以图 3-26 为例，说明编辑多段线顶点的步骤。

输入 PEDIT 命令。选择已绘好的多段线。输入 R 并回车，此时多段线第一个顶点处显示一个点标记，如图 3-26(a)所示。按空格键将点标记移到中间定点，输入 M 并回车，如图 3-26(b)所示。向中间顶点的正方形移动鼠标并单击，完成顶点的移动，如图 3-26(c)所示。

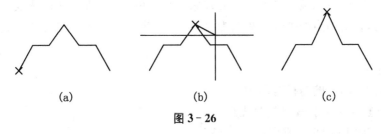

图 3-26

4. 分解多段线

一条多段线无论多么复杂，也只是一个图元。可以将多段线分解成下一个层次的组成对象，但表面上有时看不出对象有什么变化。除多段线外，可以分解的对象还包括矩形、圆环、多边形、块和尺寸。分解多段线时，AutoCAD 将清除相关联的宽度信息。

执行分解多段线的途径是：

(1)【修改】工具栏→【分解】按钮。
(2)【修改】→【分解】。

(1) 命令：EXPLODE。

3.9.2 编辑多线

执行编辑多线的途径有两种：
(1)【修改】→【对象】→【多线】。
(2) 命令 MLEDIT。

执行了编辑多线命令后，弹出一个【多线编辑工具】对话框[如图 3-27(a)所示]，编辑多线主要通过该框进行。对话框中的图标形象地反映了 MLEDIT 命令的功能。图 3-27(b)显示了一条多线进行编辑的结果。

(a)【多线编辑工具】对话框

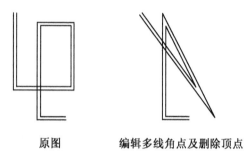
原图　　编辑多线角点及删除顶点
(b)

图 3-27

3.9.3 编辑样条曲线

编辑样条曲线主要包括删除或增加样条曲线的拟合点、移动拟合点修改样条曲线的形状、打开或闭合样条曲线、编辑样条曲线的开始和结束的切线、改变样条曲线的允差。允差表示样条曲线拟合所指定的拟合点集的拟合精度，允差越小样条曲线与拟合点集的贴近程度越高。

1. 执行途径

执行编辑样条曲线的途径有两种：
(1)【修改】→【对象】→【样条曲线】。
(2) 命令：SPLINEDIT[或直接输入 SPL(spl)]。

2. 操作格式

执行编辑样条曲线命令，选择要编辑的样条曲线，此时系统提示为：
输入选项[拟合数据(F)/闭合(C)/移动顶点(M)/精度(R)/反转(E)/放弃(U)]：
(1) 拟合数据(F)：该选项用来编辑样条曲线所通过的某些特殊点。执行该选项后，样条曲线上显示出一些小的方框，如图 3-28(a)所示，这些小方框位于样条曲线的拟合点上。此时系统提示为：
输入拟合数据选项[添加(A)/闭合(C)/删除(D)/移动(M)/清理(P)/相切(T)/公差

(L)/退出(X)]<退出>：

各选项的含义如下：

① 添加(A)：添加新的拟合点，如图3-28(b)所示。

② 闭合(C)：封闭样条曲线。

③ 删除(D)：删除拟合点，如图3-28(c)所示。

④ 移动(M)：移动拟合点的位置，如图3-28(d)所示。

⑤ 清理(P)：取消当前编辑样条曲线中的【拟合数据】功能。

⑥ 相切(T)：改变样条曲线在起、终点处切线方向。

⑦ 公差(L)：修改拟合公差(即允差)的值。

⑧ 退出(X)：退出当前的【拟合数据】操作。

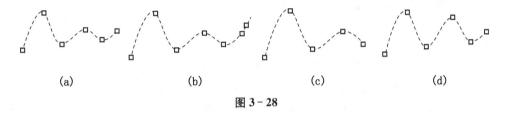

图3-28

(2) 闭合(C)：用于封闭选定的样条曲线。

(3) 移动顶点(M)：用来移动样条曲线上的当前点。

(4) 精度(R)：用来对样条曲线上的控制点进行操作。执行该选项后系统提示：

输入精度选项[添加控制点(A)/提高节数(E)/权值(W)/退出(X)]<退出>：

各选项的含义如下：

① 添加控制点(A)：添加样条曲线的控制点[控制点如图3-29(a)所示]。

② 提高阶数(E)：控制样条曲线的阶数，阶数越高，控制点越多，图3-29(b)是阶数为5的情况。

③ 权值(W)：用于改变控制点的权值，权值是控制点控制样条曲线的能力。权值增加，控制点对样条曲线的控制能力增加，样条曲线进一步靠近控制点。

④ 退出(X)：退出当前操作。

(5) 反转(E)：用于转变样条曲线的方向。

(6) 放弃(U)：取消上一次的编辑操作。

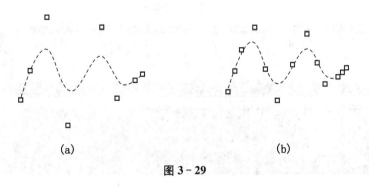

图3-29

3.10 编辑文本

编辑文本的方法有多种,包括修改文字的特性,利用【多行文字编辑器】编辑多行文字,修改文字等。

3.10.1 修改文字

1. 执行途径

执行修改文字的途径有两种:

(1)【修改】→【对象】→【文字】→【编辑】。

(2) 命令:DDEDIT[或直接输入 DDE(dde)]。

2. 操作格式

执行修改文字命令后,系统提示"选择注释对象或放弃[(U)]:"。

如果用户所选择的文字是用 TEXT 或 DTEXT 命令注写的,则弹出一个【编辑文字】对话框,如图 3-30(a)所示,利用该框可修改文字。如果用户所选择的文字是用 MTEXT 命

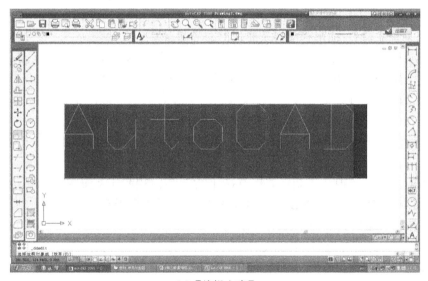

(a)【编辑文字】

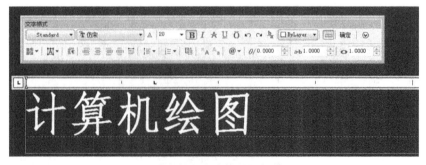

(b)【多行文字编辑器】对话框

图 3-30

令注写的,则弹出【多行文字编辑器】对话框,如图3-30(b)所示,利用该对话框可对文字进行修改。

3.10.2 修改文字特性

利用【特性】对话框,不仅可以修改文字内容,还可修改文字插入点、样式、对齐、大小和方向等特性。

1. 执行途径

修改文字特性的途径有三种:

(1)【标准】工具栏→【特性】按钮。

(2)【修改】→【特性】。

(3) 命令:DDMODIFY,PROPERTIES[或直接输入DDM(ddm)]。

2. 操作格式

(1) 选择一个单行(或多行)文字对象。

(2) 点取【标准】工具栏中的【特性】按钮,此时弹出一个【特性】对话框,如图3-31所示。

(3) 在【特性】对话框的文字区内点取文本AutoCAD。

(4) 输入新的文字。

(5) 修改文字属性和其他设置。这些修改会影响文字对象的所有文字。

(6) 关闭【特性】对话框,即可显示出修改后的文本。

图3-31 【特性】对话框

习 题

习题3-1 自定图幅和比例,绘制图3-32所示八字翼墙进水口的轴测图(不注尺寸)。

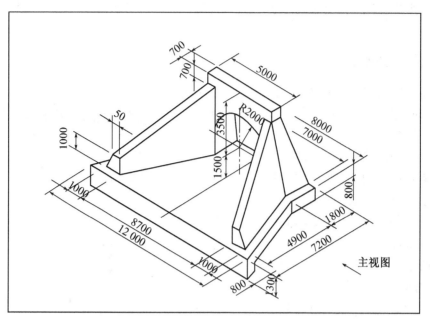

图 3-32 八字翼墙进水口的轴测图

习题 3-2 按步骤绘制图 3-33。

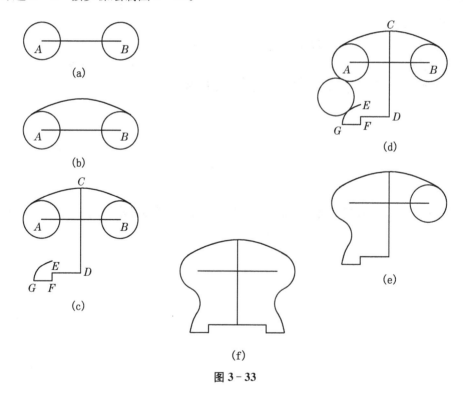

图 3-33

作图提示：

① 画直线 AB，长为 68。分别以直线两端点 A，B 为圆心、16 为半径画圆 A 和 B，如

图 3-33(a)所示。

② 用"相切、相切、半径(T)"的方式画 R98 的圆。用修剪命令(TRIM)或断开命令(BREAK)删除大弧,如图 3-33(b)所示(注意:断开点用捕捉方式)。

③ 画直线,起点捕捉 R98 弧的中点 C,$CD=70$,$DE=24$,$EF=6$,$FG=16$,如图 3-33(c)所示。

④ 以 F 点为中心,G 点为起点,用"起点、圆心、圆心角(角度为 $-90°$)"方式画弧,如图 3-33(c)所示。

⑤ 用"相切、相切、半径(T)"方式画 R16 的圆,如图 3-33(d)所示。

⑥ 用修剪命令修剪圆和弧,用镜像命令画出右边的直线和圆弧,如图 3-33(e)所示。

⑦ 最后用修剪命令剪去多余的弧,完成全图,如图 3-33(f)所示。再用移动命令把图移动到适当的位置。

⑧ 用移动命令和比例缩放命令布置全图。

⑨ 赋名存盘。

习题 3-3 按图示步骤完成图 3-34(尺寸自定)。

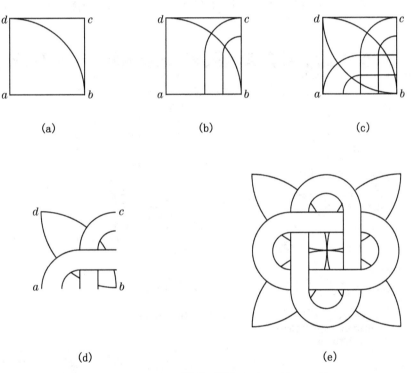

图 3-34

第4章 图层、线型、线宽、颜色

4.1 设置绘图环境

4.1.1 常用的系统设置

用户在使用 AutoCAD 系统绘图时,通常要对系统的一些环境参数进行设置,以满足个性化绘图需要。系统的环境参数是通过系统设置来实现的,进入系统设置的方法是:选择【工具】→【选项】命令,或执行 OPTIONS 命令,可打开【选项】对话框。该对话框包含了文件、显示、打开和保存、打印和发布、系统、用户系统配置、绘图等多个选项卡,如图 4-1 所示。

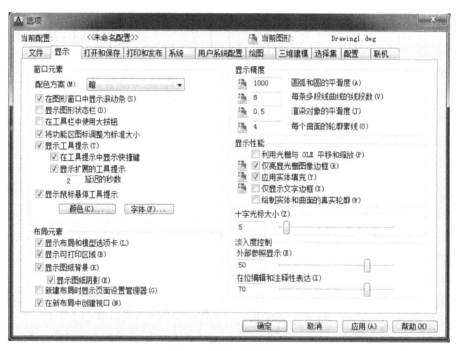

图 4-1 【选项】对话框

一般情况下,系统的缺省设置能满足基本需要,这里仅对那些需要经常改动的环境参数设置方法加以介绍。

1. 控制绘图窗口背景颜色

选择【选项】对话框的【显示】选项板(如图 4-2 所示),其中窗口元素区域的【颜色(C):】按钮可以控制绘图区域(模型空间)背景颜色为白色。

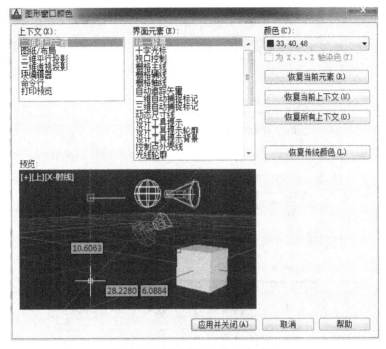

图 4-2 【图形窗口颜色】对话框

2. 控制圆或圆弧的平滑度

选择【选项】对话框的【显示】选项板,改变【显示精度】区域的【圆弧和圆的平滑度】前面编辑框中的限定数值(在 1~20 000 之间)默认值为 1000(如图 4-1 所示),取值越大,平滑度越高。可在渲染时取值大些。

3. 在绘图区域单击鼠标右键操作

用 AutoCAD 绘图,在绘图区域单击鼠标右键可以实现不同的操作,如在一个命令执行结束时单击鼠标右键,可以弹出快捷菜单,也可以立刻结束命令。鼠标右键功能可以在【选项】对话框的【用户系统配置】选项板中通过【自定义右键单击】按钮来设置,如图 4-3 所示。【自定义右键单击】对话框中三个模式下单击右键的含义是:

(1) 默认模式:确定未选中对象且没有命令在运行时,在绘图区域中单击右键所产生的结果。

① 【重复上一个命令】表示禁用【默认】快捷菜单。当没有选中任何对象并且没有命令在运行时,在绘图区域中单击右键和按 ENTER 键或空格键的结果相同,即重复上一次使用的命令。

② 【快捷菜单】表示在绘图区域单击鼠标右键将启用默认快捷菜单。通常选择【重复上一个命令】。

(2) 编辑模式:确定当选中了一个或多个对象且没有命令在运行时,在绘图区域中单击右键所产生的结果。

① 【重复上一个命令】表示禁用【编辑】快捷菜单。结果,当选中了一个或多个对象并且没有命令在运行时,在绘图区域中单击右键和按 ENTER 键的结果相同,即重复上一次使用的命令。

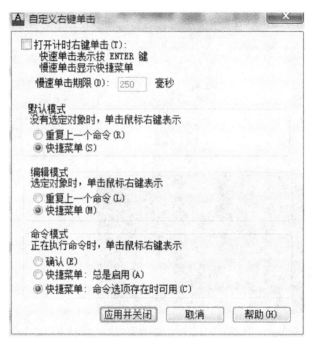

图 4-3 【自定义右键单击】对话框

②【快捷菜单】表示将启用【编辑】快捷菜单。

(3) 命令模式：确定当命令正在运行时，在绘图区域中单击右键所产生的结果。

①【确认】表示禁用命令【快捷菜单】。结果，当命令正在运行时，在绘图区域中单击右键和按 ENTER 键的结果相同。通常在该模式下选择此项。

②【快捷菜单：总是启用】表示启用命令【快捷菜单】。命令快捷菜单在命令执行的不同阶段有不同的快捷菜单。

③【快捷菜单：命令选项存在时可用】表示当且仅当在当前命令行中存在选项时才启用命令快捷菜单命令行中的选项括在方括号内。如果没有可用的选项，则单击右键或按 ENTER 键结果相同。

4．设置图形界限

在 AutoCAD 2013 中，使用 LIMITS 命令可以在绘图区设置一个想象的矩形绘图区域，称为图形界限。它确定的区域是可见栅格指示的区域（如图 4-4 所示）。

选择系统菜单【视图】→【缩放】→【全部】命令，在图形没有超出栅格区域的情况下，可以在绘图区域最大显示图形界限。

图 4-4 设置图形界限

在世界坐标系下，图形界限由一对二维点确定，即左下角点和右上角点。设置过程如下：

在命令行输入 LIMITS 命令或选择下拉菜单【视图】→【图形界限】命令，系统在命令提示行将提示信息：

指定左下角点或[开 ON/关 OFF]<0.00,0.00>(Specify lower left corner of [ON/OFF]):

输入图形界限的左下角点坐标,然后系统又提示：

指定右上角点(Specify upper right corner)<420,297>:

输入图形界限的右上角点坐标。

在前一个提示信息中有开 ON/关 OFF 选项,询问是否打开图形界限检查,它决定能否在图形界限之外绘图。若选择 ON,将打开图形界限检查,用户不能在图形界限之外指定一点。若选择 OFF,则关闭图形界限检查,绘图不受图形界限的限制。

4.2 图层设置

图层是用户组织和管理图形强有力的工具。在 AutoCAD 中所有图形对象都具有图层、颜色、线型和线宽这四个基本属性。利用图层将不同的图形对象、文字、标注等进行归类处理,可快速准确地对图形进行管理和控制。

4.2.1 图层设置方法

(1) 选择【格式】→【图层】。

(2) 或单击【图层】工具栏(如图 4-5 所示)上的 图标。

图 4-5 【图层】工具栏

(3) 或者命令行中输入 LAYER 命令。

执行该操作后出现如图 4-6 所示【图层特性管理器】对话框。在该对话框中可实现图层创建、图层属性设置。

图 4-6 【图层特性管理器对话框】

1. 创建新图层

单击图 4-6 上方新建图层按钮 ,在图层列表中将自动生成名为【图层】的新图层,如图 4-6 所示。单击【名称】对应列的图层名称可以对图层重新命名。AutoCAD 支持中文图层名称。图层名称应与该图层的内容联系起来命名。

2. 设置图层属性

AutoCAD 为图层设置了多种属性,包括状态、颜色、线型、线宽、打印样式等。设置方法如下:

(1) 图层的线型设置

单击选定图层的【线型】,打开【选择线型】(Select Linetype)对话框,如图 4-7 所示。在列表框中选择一种线型,然后单击【确定】按钮,即可将该线型赋予所选图层。

图 4-7 【选择线型】对话框

如果【选择线型】列表框中没有列出所需的线型[默认情况下,在【线型选择】对话框的已加载的线型列表中,只有【Continuous】(连续)一种线型],则必须将其添加到【选择线型】列表中。方法是单击【加载】按钮,打开【加载或重载线型】对话框,从当前线型库中选择需要的线型,如图 4-8 所示。

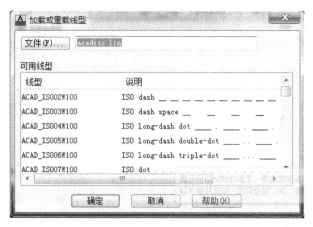

图 4-8 【加载线型】对话框

(2) 设置图层的线宽

在【图层特性管理器】(Layer Properties Manager)对话框的【线宽】(Lineweight)列中,单击选定图层对应的线宽[默认为 Default(默认)],打开【线宽】对话框,如图 4-9 所示。

注意:机械制图中,粗线型和细线型的线宽比是 2∶1。

图 4-9 【线宽】对话框

(3) 设置图层的颜色

在【图层特性管理器】对话框的【颜色】列中,单击选定图层的对应颜色,打开【选择颜色】对话框,如图 4-10 所示。

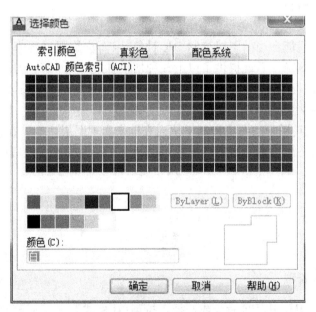

图 4-10 【选择颜色】对话框

在【选择颜色】对话框中,用户可以使用索引颜色(Index Color)、真色彩颜色(True Color)和配色系统(Color Books)等选项卡来选择颜色。通常使用索引颜色选项卡的标准颜色为图层指定线型颜色。

3. 图层状态控制

包括图层开关、冻结和解冻、锁定和解锁状态的控制。

(1) 图层开关状态

在【图层特性管理器】对话框中,单击开(关)列表中对应列的小灯图标,可以打开或关闭该图层。关闭图层意味着该图层上的内容不能显示,也不能打印。

若当前层被关闭,系统将显示一个对话框,警告正在关闭当前层。

(2) 图层冻结和解冻

在【图层特性管理器】对话框中,单击在所有视口冻结(Freeze in all VP)列中对应的太阳或雪花图标,可以冻结和解冻图层。和被关闭图层一样,被冻结图层上的图形对象不能被显示出来,也不能打印输出。

与关闭不同的是,冻结的对象不参与图形生成运算,而关闭的图形只是不显示而已,参与图形生成运算。所以对复杂图形,冻结一些暂时不需要的图层可以加快图形处理速度。如果只是想控制可见性,一般选用关闭。

用户不能冻结当前层,也不能将冻结层改为当前层。

(3) 锁定和解锁

在【图层特性管理器】对话框中,单击(锁定)列表中对应的开锁图标和锁定图标,可以对图层进行锁定和解锁控制。

锁定状态并不影响该图层上图形对象的显示,但用户不能编辑锁定图层上的对象,但可以在锁定图层上绘制新对象。

4. 切换当前层

AutoCAD 系统只能在当前图层绘制图形对象,因而在绘图过程中,切换当前层是使用较频繁的操作。AutoCAD 系统提供了以下几种切换方式:

(1) 在【图层特性管理器】对话框中,选择某一图层后,单击对话框右上角当前【Current】按钮,即可将该层设置为当前层。

(2) 在【图层】工具栏中的图层控制下拉列表框来实现图层切换。在该工具栏右端还有两个图标(将对象的图层设置为当前层图标和返回上一层图标),也是常用的图层切换工具,如图 4-11 所示。

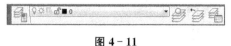

图 4-11

4.2.2 线型设置和管理

在命令行输入 LINETYPE 命令或选择下拉菜单【格式】→【线型】命令,打开【线型管理器】对话框,可以设置和管理图形的线型,如图 4-12 所示。

图 4-12 【线型管理器】

【线型管理器】对话框中显示了用户当前使用的线型和可选择的其他线型。

1. 设置当前线型

选择列表中的一种线型,然后单击对话框右上角的【当前】(Current)按钮,所选线型即成为当前线型。

若列表中没有列出所需的线型,则单击右上角的【加载】(Load)按钮,将打开【加载或重载线型】(Load or Reload Linetype)对话框,可以再加载和选择其他线型。

2. 改变线型比例

单击【线型管理器】对话框右上角的【显示细节】(Show Details)按钮,可以在对话框底部显示细节区,如图 4-13 所示。

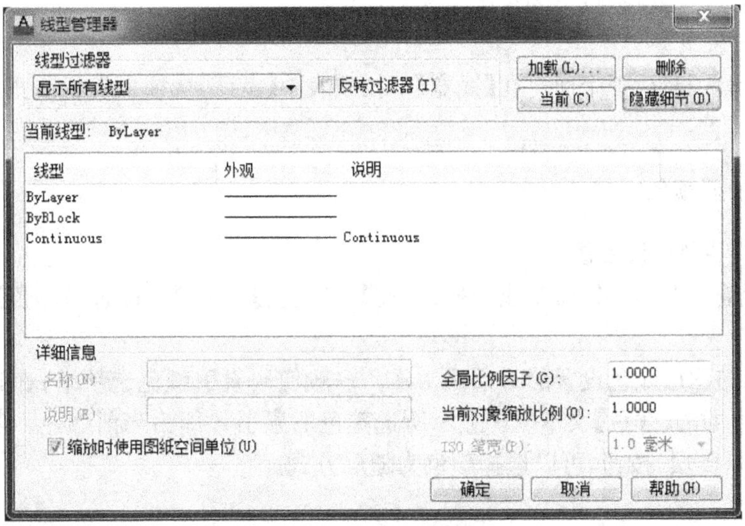

图 4-13 显示细节

设置线型的全局比例因子(Global scale factor),可以改变整个图形的线型外观。
设置当前对象缩放比例(Current object scale),可以改变此后绘制的线型比例。

4.2.3 线宽设置和管理

在命令行输入 LINEWEIGHT 命令或选择【格式】→【线宽】命令或将鼠标放置在状态栏中的线宽按钮上单击右键,在弹出的菜单中选择【设置...】打开【线宽设置】(Lineweight Settings)对话框,可以设置线宽和调整线宽显示比例,如图 4-14 所示。

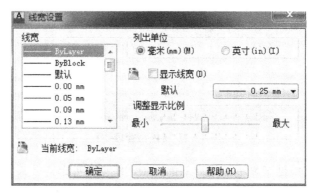

图 4-14 【线宽设置】对话框

1. 设置线宽

在【线宽】列表框中选择一个线条的宽度,当前线形将获得此线宽。

2. 调整线宽显示比例

改变对话框上滚动条的位置,可以选择不同的线宽。其线宽效果可在线宽列表的所选线宽上实时地观察到。

注:线型的线宽效果只有在对话框中部的复选框【显示线宽】(Display Lineweight)被选中或状态栏中【线宽】按钮按下的情况下才能体现出来。

3. 设置默认线宽

在【线宽设置】对话框中通过在【线宽】下拉列表中【默认】选项下设置线宽的值来设置线型默认线宽。

4.2.4 设置线型颜色

1. 使用图层颜色设置修改

在命令行输入 COLOR 命令或选择【格式】→【颜色】命令,打开【选择颜色】对话框,如图 4-15 所示。

该对话框与图层颜色设置的对话框一样。一般使用索引颜色选项卡,在其中选择一种颜色,对话框下面的【颜色】文本框中显示所选颜色的索引号即为当前颜色。若单击对话框中的【Bylayer】(随层)按钮,可以选择颜色为随层方式。

图 4-15 【选择颜色】对话框

2. 使用特性工具条修改

图 4-16 所示为 AutoCAD 的【对象特性】工具条,用它可查看和修改实体的颜色、线型、线宽特性。该工具条一般位于绘图区上方,具有强大的对象特性处理功能,和图层工具条一起反映了对象的图层、颜色、线型和线宽四个属性的当前设置。在这两个工具条中改变任何一个列表选项,就可以改变对象相应属性的当前设置,使用起来非常方便,也是常用的对象属性设置和编辑工具。

图 4-16 【对象特性】工具条

图层工具条和对象特性工具条所显示的信息状态有下列几种情况:

(1) 如果当前图形中没有选中的实体,两个工具栏的各列表框中显示的是系统当前的特性设置。

(2) 如果图形中选中一个实体(或是多个具有相同特性设置的实体),则显示选中实体的特性设置。

(3) 如果当前图形中有多个特性不同的实体被选中,则列表框中不显示任何特性。

注意:图层特性只能通过【图层控制】列表框和【图层特性管理器】对话框来改变,而不能由【对象特性】工具来改变。

4.3 GB/T 18229—2000 机械工程 CAD 制图规则

1. 常用图层一般设置

表 4-1

线型	颜色	线型
粗实线	绿色	虚线
细实线	白色	细点画线
波浪线	白色	粗点画线
双折线	白色	双点画线

2. 常用的线宽(一般优先采用第 4 组)

表 4-2 常用线宽

组别	1	2	3	4	5	一般用途
线宽/mm	2.0	1.4	1.0	0.7	0.5	粗实线、粗点画线
	1.0	0.7	0.5	0.35	0.25	细实线、波浪线、双折线、虚线、细点画线、双点画线

3. 字体和图幅之间的关系

表 4-3 字体和图幅之间的关系

图幅		A0	A1	A2	A3	A4
汉字	h	5		3.5		
字母与数字						

h = 汉字、字母和数字的高度。

4.4 上机实践

绘制齿轮视图(参考作图步骤如下)

4.4.1 打开样本文件 A4-1,设置绘图环境,建立符合标准的系列图层

(1) 从【格式】菜单(或特性工具栏)选择【图层】左键单击,弹出图层对话框。

(2) 创建新层。在图层对话框中左键单击【新建】按钮。输入新的图层名,就创建了一个新的图层。将粗实线、细实线、点画线、虚线层全部创建。

(3) 为新图层设置颜色。选择【图层颜色方块】左键单击,弹出【选择颜色】对话框。依次选择绿色、黄色、红色和洋红色。

(4) 选新图层的【线型】按钮左键单击,弹出【选择线型】对话框。如果对话框中没有需要的线型,应左键单击【加载…】按钮,在【选择线型】对话框中选择,左键单击【确定】。

(5) 在【选择线型】对话框中左键单击所选线型,左键单击【确定】。

(6) 设置线宽,打开【线宽】下拉列表,选择合适的线宽。

(7) 依次设置所有需要的图层。设置完成后,关闭【图层】与【线型特性】对话框。

4.4.2 按徒手绘图的步骤 1∶1 抄绘齿轮视图

(1) 选中心线层,布图、定位,如图 4-17(a)所示。

(2) 选粗实线层,用【直线】命令绘制外轮廓。从 1 点开始光标向上输入 20,回车到达第 2 点;光标向左输入 20,回车到达第 3 点;光标向下输入 20,回车到达第 4 点;光标向上输入 53,回车到达第 5 点;光标向左输入 20,回车到达第 6 点;光标向下输入 53,回车到达第 7 点。用圆命令(CIRCLE)在左视图画粗实线圆 $R10$。如图 4-17(b)所示。

(3) 用偏移命令,水平中心线向上偏移 13,垂直中心线向左、右各偏移 3,绘出键槽轮廓。选虚线层置为当前,利用【对象追踪】绘制主视图中的虚线,如图 4-18 所示。

(4) 用修剪命令(TRIM)修剪视图,删除辅助线。

(5) 完成全图(不标注尺寸),赋名存盘,如图 4-19 所示。

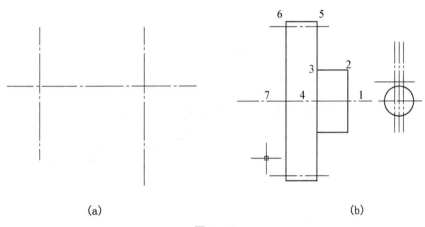

图 4-17

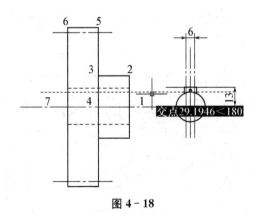

图 4-18

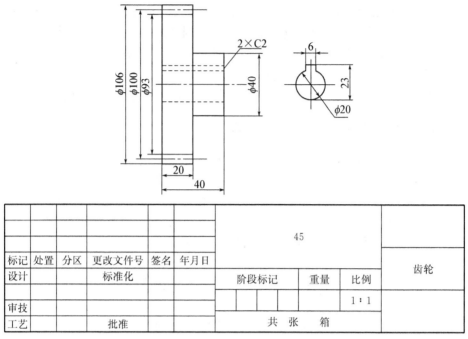

图 4-19

习 题

习题 4-1 抄画主视图和俯视图，1∶1 的比例，线型、线宽符合国家标准，颜色自定（不标注尺寸）。

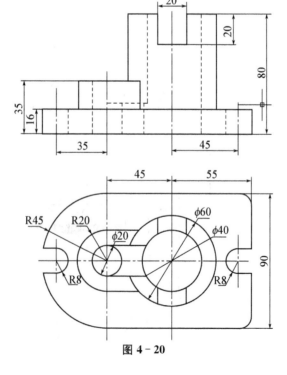

图 4-20

习题 4-2　绘制下列剖视图，1∶1 的比例，线型、线宽符合国家标准，颜色自定(不标注尺寸)。

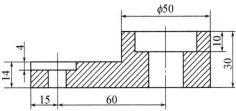

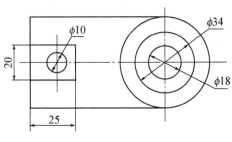

图 4-21

习题 4-3　绘制下列零件图，要求 A4 图纸，1∶1 的比例，线型、线宽符合国家标准，颜色自定(不标注尺寸)。

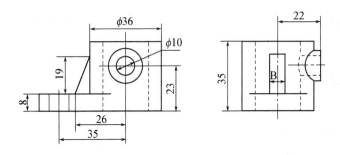

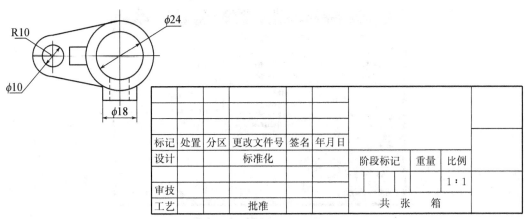

图 4-22

第5章 创建与使用图块

将一个或多个单一的实体对象整合为一个对象,这个对象就是图块。图块中的各实体可以具有各自的图层、线性、颜色等特征。在应用时,图块作为一个独立的、完整的对象进行操作,可以根据需要按一定比例和角度将图块插入到需要的位置。

插入的图块只能保存图块的特征参数,而不能保存图块中的每一实体的特征参数。因此,在绘制相对复杂的图形时,使用图块可以节省磁盘空间。若需要在图中多处重复插入图块时,绘图效率提高得愈加明显。如果对当前图块进行修改或重新定义,则图中的所有图块均会自动修改,从而节省了绘图时间。

5.1 块的创建与应用

图块分内部图块和外部图块两种类型,下面分别介绍其创建方法。

5.1.1 创建内部图块

内部图块是指创建的图块保存在定义该图块的图形中,只能在当前图形中应用,而不能插入到其他图形中。

1. 执行方式

(1) 菜单栏:【绘图】→【块】→【创建】。

(2) 工具栏:。

(3) 命令行:BLOCK[或直接输入 B(b)]。

2. 操作格式

打开【块定义】对话框,如图 5-1 所示。

图 5-1 【块定义】对话框

3. 对话框选项说明

【名称】文本框:用于输入新建图块的名称。

【基点】选项组:用于设置该图块插入基点的 X,Y,Z 坐标。

【对象】选项组:用于选择要创建图块的实体对象。

【选择对象】按钮:用于在绘图区域选择对象。

【快速选择】按钮:用于在打开的【快捷选择】对话框中选择对象。

【保留】单选钮:用于创建图块后保留原对象。

【转换为块】单选钮:用于创建图块后,原对象转换为块。

【删除】单选钮:用于创建图块后,删除原对象。

【块单位】下拉列表框:用于设置创建图块的单位。

【说明】文本框:用于输入图块的简要说明。

【超链接】按钮:用于打开【插入超链接】对话框,在该对话框中可以插入超链接文档。

最后单击【确定】按钮,完成创建图块的操作。

4. 创建内部图块示例

以图 5-2(a)为例,其操作步骤如下:

(1) 单击绘图工具条创建块按钮,打开【块定义】对话框。

(2) 在【名称】文本框输入【粗糙度】名称。

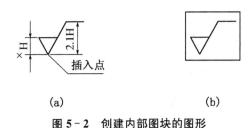

图 5-2 创建内部图块的图形

(3) 单击【基点】选项组中【拾取点】图标,在绘图区指定基点。

(4) 单击【对象】选项组中【拾取点】图标,在绘图区指定对象,见图 5-2(b)。

选择对象后,返回【块定义】对话框,单击【确定】按钮,完成创建图块的操作。

5.1.2 创建外部图块

外部图块与内部图块的区别是,创建的图块作为独立文件保存,可以插入到任何图形中去,并可以对图块进行打开和编辑。

1. 执行方式

命令行:WBLOCK[或直接输入 WB(wb)]。

2. 操作格式

打开【写块】对话框,如图 5-3 所示。

图 5-3 【写块】对话框

3. 对话框选项说明

【源】选项组:用于确定图块定义范围。

【块】选项:用于在右边的下拉列表框中选择已保存的图像。

【整个图形】单选钮:用于将当前整个图形确定为块。

【对象】单选钮:用于选择要定义为块的实体对象。

【基点】选项组和【对象】选项组的定义与创建内部图块中的选项定义相同。

【目标】选项组:用于指定保存图块文件的名称和路径,也可以单击 ... 按钮来打开【浏览图形文件】对话框,指定名称和路径。

【浏览图形文件】对话框:指定名称和路径。

【插入单位】文本框:用于设置图块的单位。

5.2 插入图块

插入图块的操作如下。

1. 执行方式

(1) 菜单栏:选择【插入】→【块】命令。

(2) 工具栏:单击按钮 。

(3) 命令行:INSERT。

2. 操作格式

打开【插入】对话框,如图 5-4 所示。

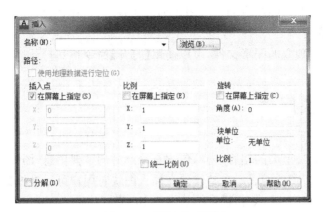

图 5-4 【插入】对话框

3. 选项说明

【插入】对话框中各选项功能如下：

【名称】下拉列表框：用于输入或选择已有的图块名称。也可以单击【浏览】按钮，在打开的【选择图形文件】对话框中选择需要的外部图块。

【插入点】选项组：用于确定图块的插入点。可以直接在 X,Y,Z 文本框中输入点的坐标，也可以通过选中【在屏幕上指定】复选框，在绘图区内指定输入点。

【缩放比例】选项组：用于确定图块的插入比例。可以直接在 X,Y,Z 文本框中输入块在三个方向的坐标，也可以通过选中【在屏幕上指定】复选框，在绘图区内指定。如果选中【统一比例】复选框，三个方向的比例相同，只需要输入 X 方向的比例即可。

【旋转】选项组：用于确定图块插入的旋转角度。可以直接在【角度】文本框中输入角度值，也可以选中【在屏幕上指定】复选框，在绘图区内指定。

【分解】复选框：用于确定是否把插入的图块分解为各自独立的对象。

单击【确定】按钮，完成插入图块操作。

5.3 编辑图块

1. 编辑内部图块

图块作为一个整体可以被复制、移动、删除，但是不能直接对它进行编辑。要想编辑图块中的某一部分，首先要将图块分解成若干实体对象，再对其进行修改，最后重新定义。操作步骤如下：

(1) 从【修改】菜单中选择【修改】→【分解】命令。

(2) 选择需要的图块。

(3) 编辑图块。

(4) 从菜单栏选择【绘图】→【块】→【创建】命令。

(5) 在【块】定义对话框中重新定义块的名称。

(6) 单击【确定】按钮，结束编辑操作。

执行结果是当前图形中所有插入的图块都自动修改为新图块。

2. 编辑外部图块

外部图块是一个独立的图形文件,可以使用【打开】命令将其打开,修改后再保存即可。

5.4 设置图块属性

属性就像附在商品上面的铭牌一样,包含有该产品的主要信息,图块中的文本对象是图块的一个组成部分,与图块构成一个整体。在插入图块时用户可以根据提示,输入属性定义的值,从而快捷地使用图块。如粗糙度图块中的 Ra 值。

5.4.1 定义图块属性

1. 执行方式

(1) 菜单栏:选择【绘图】→【块】→【定义属性】命令。
(2) 命令行:ATTDEF[或直接输入 ATT(att)]。

2. 操作格式

打开【属性定义】对话框,如图 5-5 所示

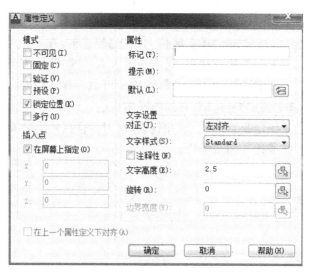

图 5-5 【属性定义】对话框

3. 对话框选项说明

(1)【模式】选项组:用于设置属性模式。

【不可见】复选框:用于确定属性值在绘图区是否可见。

【固定】复选框:用于确定属性值是否是常量。

【验证】复选框:用于在插入属性图块时,提示用户核对输入的属性值是否正确。

【预设】复选框:用于设置属性值,在以后的属性图块插入过程中,不再提示用户属性值而是自动地填写预设属性值。

(2)【属性】复选组:用于输入属性定义的数据。

【标记】文本框:用于输入所定义属性的标志。

【提示】文本框:用于输入插入属性图块时需要提示的信息。

【默认】文本框:用于输入图块属性的值。

(3)【插入点】选项组:用于确定属性文本排列在图块中的位置。可以直接在输入点插入点的坐标值,也可以选中【在屏幕上指定】复选框,在绘图区指定。

(4)【文字设置】选项组:用于设置属性文本对齐方式以及样式等特性。

【对正】下拉列表框:用于选择字体文字样式。

【文字样式】下拉列表框:用于选择字体样式。

【文字高度】按钮:用于在绘图区指定文字的高度,也可以在右侧的文本框中输入高度值。

【旋转】按钮:用于在绘图区制定文字的旋转角度,也可以在右侧的文本框中输入旋转角度值。

【在上一个属性定义下对齐】复选框:用于确定该属性采用上一个属性的文字样式、高度以及倾斜度,且另起一行,与上一属性对齐。

【锁定块中的位置】复选框:用于锁定属性定义块中的位置。

5.4.2 插入属性的图块

1. 执行方式

(1) 工具栏:📇。

(2) 命令行:INSERT。

2. 操作格式

打开【插入】对话框,如图 5-4 所示,在【名称】下拉列表框中选择相应的图块名。单击【确定】按钮,关闭【插入】对话框。系统提示:

指定插入点或[基点(B)比例(S)旋转(R)]:(指定图块插入点)

系统完成插入属性图块操作。

5.4.3 编辑图块属性定义

1. 执行方式

(1) 菜单栏:【修改】→【对象】→【属性】→【单个】。

(2)【修理 II】工具栏:✎。

(3) 命令行:DDEDIT[或直接输入 DDE(dde)]。

2. 操作格式

打开【增强属性编辑器】对话框,如图 5-6 所示。该对话框有三个选项卡:属性、文字选项、特性。

(1)【属性】选项卡:选项卡的列表框显示了图块中的每个属性的【标记】、【提示】和【值】。在列表框中选择某一属性后,在【值】文本框中将显示出该属性对应的属性值,用户可以通过它来修改属性值。

(2)【文字选项】选项卡:【文字选项】用于修改属性文字的格式。如图5-7所示。

图5-6 【增强属性编辑器】对话框

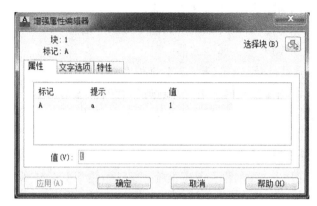

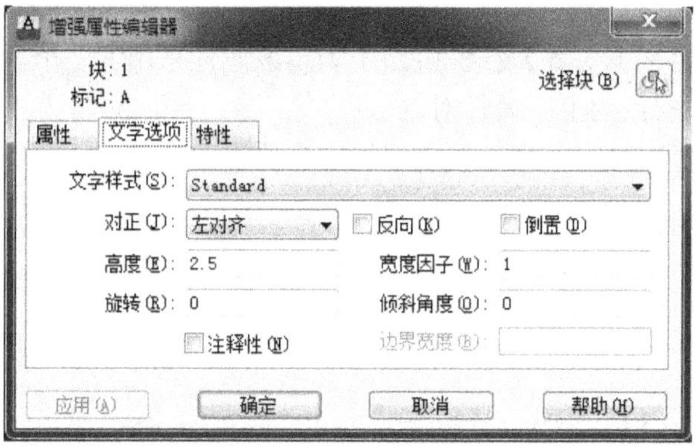

图5-7 【文字选项】选项卡

【文字选项】选项卡中的各选项功能如下:

【文字样式】文本框:用于设置文字的样式。

【对正】文本框:用于设置文字的对齐方式。

【高度】文本框:用于设置文字的高度。

【旋转】文本框:用于设置文字的旋转角度。

【反向】复选框:用于确定在文字行是否反向显示。

【倒置】复选框:用于确定文字是否上下颠倒。

【宽度因子】文本框:用于设置文字的宽度系数。

【倾斜角度】文本框:用于设置文字的倾斜角度。

(3)【特性】选项卡:用于修改属性文字的图层,以及它的线宽、线型、颜色及打印样式等,该选项卡如图5-8所示。

(4)其他

在【增强属性编辑器】对话框中,除上述3个选项卡,还有【选择块】和【应用】等按钮。其中【选择块】按钮,可以切换到绘图区并选择要编辑的图块对象;单击【应用】按钮,可以确定已进行的修改。

单击【确定】按钮,系统再次提示:

图 5-8 【特性】选项卡

选择注释对象[放弃(U)]:(按 Enter 键结束命令)

5.5 上机实践

5.5.1 创建粗糙度符号外部图块

1. 定义图块属性

(1) 要求:将新国标规定的粗糙度符号定义为带属性的图块。

(2) 操作步骤

① 菜单【绘图】→【块】→【定义属性】。

② 在【标记】文本框中输入 Ra,在【提示】文本框中输入粗糙度,在【默认】文本框中输入 3.2。

③ 选中【在屏幕上指定】复选项,在绘图区确定属性的插入点,如图 5-9(a)所示。

④ 在【对正】下拉列表框中选择【左对齐】项;在【文字样式】下拉列表框中选 Standard;在【高度】按钮右侧的文本框中输入 5,设置后的对话框如图 5-10 所示。

(a)   (b)

图 5-9 粗糙度符号图形

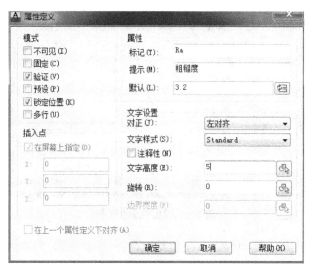

图 5-10 设置后的【属性定义】对话框

⑤ 单击【确定】按钮,完成定义图块属性的操作,结果如图 5-9(b)所示。

2. 定义图块

(1) 单击工具栏中 🔲 图标,执行 BLOCK 命令,打开【块定义】对话框。

(2) 在【名称】框中输入块名【ccd】。

(3) 单击【选择对象】按钮,选择定义的属性及对象,如图 5-11 所示,按 Enter 键。

(4) 单击【确定】按钮,打开【编辑属性】对话框,如图 5-12 所示。

(5) 单击【确定】按钮,完成图块属性的定义,如图 5-13 所示。

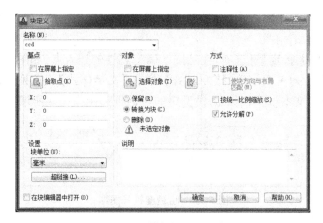

图 5-11 【块定义】对话框

图 5-12 【编辑属性】对话框

图 5-13 完成定义结果

3. 创建外部图块

(1) 执行方式:输入 WBLOCK,打开【块定义】对话框。

(2) 在【源】选项组中选择【对象】选项钮,再单击【选择对象】按钮进入绘图区。命令行提示:

选择对象:(选择要定义为块的对象)[选择图 5-9(b)中图形]

选择对象:(按 Enter 键)

选择对象后,返回【写块】对话框。

(3) 在【文件名和路径】文本框中输入要创建的图块名称和存放路径。

(4) 单击【基点】选项组中的【拾取点】按钮,进入绘图区。命令行提示:

指定插入基点:(指定图块上的插入点)

如图 5-14 所示,指定插入点后,返回【写块】对话框。

也可在该按钮下边的【X】、【Y】、【Z】文字编辑框中输入坐标值来指定插入点。

单击【确定】按钮,完成创建外部图块的操作

图 5-14 创建外部图块的图形

4. 插入图块

(1) 单击 按钮,打开【插入】对话框。

(2) 在【名称】下拉列表框选择【粗糙度符号】名称。

(3) 在【插入点】选项中选择【在屏幕上指定】复选框,单击【确定】按钮。

(4) 移动鼠标在绘图区内指定插入点,完成图块插入的操作,如图 5-15 所示。

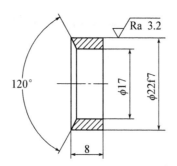

图 5-15 插入图块示例

习 题

习题 5-1 问答题
(1) 什么是块？它的主要用途是什么？
(2) 简述定义块的步骤。
(3) BLOCK 命令与 WBLOCK 命令有什么区别和联系？
(4) 简述进行属性定义的过程。
(5) 什么是属性？属性有哪些主要特点？
(6) 什么是外部参照？它的作用是什么？它与块有何区别？
(7) 简述外部参照的有关操作。

习题 5-2 创建图块

绘制图 5-16 所示的【形位公差基准符号】图形，创建内部图块并练习插入内部图块。

图 5-16 形位公差基准符号

第6章 图形显示控制与辅助绘图

6.1 【视图】和【工具】下拉菜单

6.1.1 视图菜单

视图菜单主要是对窗口及绘图区域的控制,此菜单用于管理 CAD 的操作界面,如图形缩放、图形平移、视窗设置、着色以及渲染等操作,用户还可以通过此菜单设置工具栏菜单。如图 6-1 所示,其常用功能如下:

缩放命令用得最多,有:全图缩放、范围缩放。范围缩放与全图缩放的区别:范围缩放不管图形界限所设置的范围,它只显示能容纳所有对象的窗口,而全图缩放在所有对象没有超出图形界限时显示图形界限的窗口,而对象超出图形界限时就与范围缩放相同,所以一般范围缩放使用较多。

平移命令中实时平移使用得较多,其他命令使用得很少。实时平移用于移动图形位置,以便于查看。

视口是将窗口分成几部分分别显示图形中的不同部分,你可以对激活的窗口进行平移、缩放而不影响其他视口中的图形显示。

视图功能是指从不同角度来观看图形,主要用于三维操作,用于平面时可以将图形的不同位置保存为不同的视图名称,通过引用该名称来快速地显示出不同的位置。

三维动态观察器可以实时转动视图从不同方位来观察窗口中的对象,由于它的实时功能,你可以看到它转动时的状态而准确地转到所需的方位。

图 6-1 【视图】菜单

6.1.2 工具菜单

工具菜单为用户设置了一些辅助绘图工具,如拼写检查、快速选择和查询等。

快速选择功能可以通过所要选择的对象的共同特征来选择对象,如选择某一图层的对象、选择某一颜色的对象等。

查询功能可查询两点的距离、封闭对象的面积、面域的集中属性(周长、面积、顶点坐标等)、多个对象属性的列表,以及时间及图形状态。

属性可显示绝大多数 AutoCAD 对象(三维图形、复线、组合除外)的属性,并可进行编辑。最大的优点是可对不同对象的同一属性进行编辑。

数据连接提供对数据库的操作。

运行脚本是执行已编制好的程序序列,提高重复性工作的速度。

宏指的是 VBA 程序,AutoCAD 新引入的一种新的程序设计语言。

AutoLISP 项是 AutoCAD 一贯的设计语言,现在又在此基础上提升到了 VisualLISP 语言的水平,并增加了编程用的专用界面,方便程序的编制,增加了很多的函数,功能也变得更强。

UCS 为用户定义坐标系统,用于定义不同的坐标系及在各坐标系之间转换。

绘图设置(草图设置)主要是设置对象捕捉、对象跟踪、极向跟踪以及捕捉和栅格功能。它是一种辅助功能,请注意它是将以前版本的功能进行改进,并综合在一个对话框中。

自定义菜单可让用户装载辅助菜单、增减菜单条等,如果自己写了些程序并编写了自己的菜单,就可以在这里装载菜单。

选项就是以前版本的参数选择,包括各种文件的位置,各显示项目的状态调整,文件保存的格式,打印出图的设置,系统的兼容性问题,用户的行为参数,自动捕捉的显示设置,对象的选择方法以及所有配置内容的保存和恢复等内容。

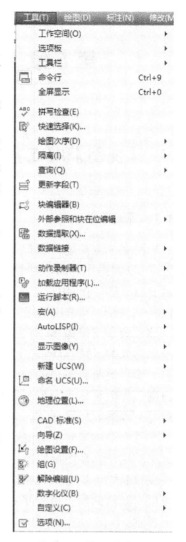

图 6-2 【工具】菜单

6.2 图形显示控制

在绘图过程中,有时需要绘制细部结构,而有时又要观看图形的全貌,因为受到视窗显示大小的限制,需要频繁地缩放或移动绘图区域。AutoCAD 2013 提供了视窗的缩放和平移功能,从而可方便地控制图形的显示。

6.2.1 窗口缩放

使用窗口缩放命令可以对图形的显示进行放大和缩小,而对图形的实际尺寸不产生任何影响。可以使用下列方法之一启动窗口【缩放】命令:

(1) 在菜单浏览器选择【视图】→【缩放】,如图 6-3 所示。

(2) 在功能区的【实用程序】面板中单击缩放按钮 实时(用鼠标左键按住该按钮,弹出嵌套按钮)。

(3) 直接在命令行输入 ZOOM 或 Z(z)。

(4) 在功能区的【实用程序】面板中单击图标⊕ 窗口,如图6-4所示。

(5) 在绘图区单击鼠标右键,在弹出的快捷菜单中选择【缩放】,快捷菜单如图6-5所示。

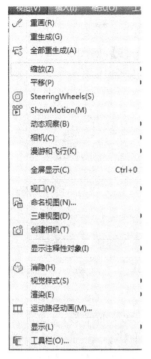
图6-3 在菜单浏览器选择【缩放】

图6-4 【缩放】工具栏

图6-5 快捷菜单

执行命令后,命令行出现如下提示:

命令:ZOOM

指定窗口的角点,输入比例因子(nX 或 nXP),或者[全部(A)/中心(C)/动态(D)/范围(E)/上一个(P)/比例(S)/窗口(W)/对象(O)]＜实时＞:

各选项含义简要说明如下。

全部:以绘图范围显示全部的图形。

中心:系统将按照用户指定的中心点、比例或高度进行缩放。

动态:利用此选项可实现动态缩放及平移两个功能。

范围:此选项可以使图形充满屏幕。与全部缩放不同的是,此项是对图形范围,而全部缩放是对绘图范围。

上一个:显示上一次显示的视图。

比例:按照输入的比例,以当前视图中心为中心缩放视图。

窗口:把窗口内的图形放大到全屏显示。

对象:系统将选取的对象放大使图形充满屏幕。

在实际操作中,实现图形缩放最简单常用的方法是直接利用鼠标的滚轮,将光标移至视窗中某一点,向上滚动鼠标滚轮,则视图以光标所在点为中心放大;向下滚动鼠标滚轮,则视图以光标所在点为中心缩小。

6.2.2 平移

平移用于移动视图而不对视图进行缩放。可以使用下列方法之一启动【平移】命令。
(1) 在菜单浏览器选择【视图】→【平移】,如图 6-6。
(2) 在功能区的【实用程序】面板中单击平移图标,如图 6-7 所示。
(3) 在绘图区单击鼠标右键,在弹出的快捷菜单中选择【平移】,如图 6-8 所示。
(4) 在命令行直接输入 PAN。

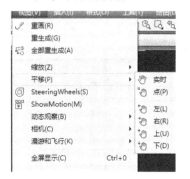
图 6-6 菜单管理器中的平移选项

图 6-7 点击平移按钮

图 6-8 右键菜单

平移分为实时平移和定点平移。
实时平移:光标变成手形,此时按住鼠标左键移动,即可实现实时平移。
定点平移:用户指定两点,视图按照两点连线的直线方向平移。
在实际操作中,实现图形平移最简单常用的方法是按住鼠标的滚轮,此时光标变为手形,移动鼠标即可实现平移。退出平移命令只需按 ESC 键或者单击右键在弹出菜单上点击退出即可,如图 6-8 所示。

6.3 用户坐标系 UCS

6.3.1 坐标系

AutoCAD 2013 提供有两个坐标系:一个称为世界坐标系(WCS),如图 6-9 所示,另一个称为用户坐标系(UCS),如图 6-10 所示。在默认状态时,AutoCAD 2013 的坐标系是世界坐标系。世界坐标系是唯一的,固定不变的,在二维绘图时,通常采用世界坐标系。用户坐标系是用户可以自定义的可移动坐标系。在创建三维模型时,通常采用用户坐标系,通过重定义 UCS,可以大大简化绘图工作。

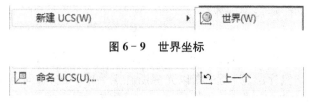
图 6-9 世界坐标

图 6-10 用户坐标

AutoCAD 2013 在三维情况下,定义有三维笛卡尔坐标、柱坐标和球坐标三种。

(1) 三维笛卡尔坐标(直角坐标)

用三个坐标值来定义点的位置。三维笛卡尔坐标系是三维绘图中最常用的坐标系,如图 6-11 所示,具体格式如下。

绝对坐标格式:X,Y,Z

相对坐标格式:@Z,Y,Z

(2) 柱坐标

柱坐标与二维空间的极坐标相似,只是增加了该点距 XOY 平面的垂直距离。柱坐标由以下三项来定位该点的位置:空间某一点在 XOY 平面上的投影与当前坐标系原点的距离、该点和原点的连线在 XOY 平面上的投影与 X 轴正方向的夹角、垂直于 XOY 平面的 Z 轴高度,即距离、角度、Z 坐标,如图 6-12 所示。具体格式如下。

绝对坐标格式:距离<角度,Z 坐标。

相对坐标格式:@距离<角度,Z 坐标。

如在命令行输入"@40<45,60"表示距当前 UCS 的原点 40 个单位、在 XOY 平面中与 X 轴成 45 度角、沿 Z 轴 60 个单位的点。

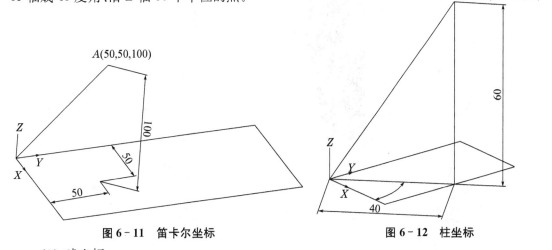

图 6-11 笛卡尔坐标　　　　图 6-12 柱坐标

(3) 球坐标

球坐标也类似于二维空间的极坐标,由以下三项来定位该点的位置:空间某一点与当前坐标系原点的距离、该点和原点的连线在 XOY 平面上的投影与 X 轴正方向的夹角、该点和坐标原点的连线与 XOY 平面的夹角,即距离、角度、角度,如图 6-13 所示。具体格式如下。

绝对坐标格式:距离<角度<角度。

相对坐标格式:@距离<角度<角度。

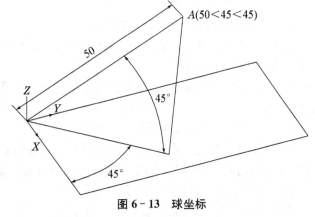

图 6-13 球坐标

6.3.2 建立用户坐标系

在三维绘图中,用户可以通过 UCS 命令,在任意位置、任意方向建立合适的用户坐标系,使绘图更加简便。

UCS 命令的启动可采用以下方法:

(1) 菜单浏览器【工具】→【新建 UCS】来启动 UCS 命令,在下拉菜单中可选择相应的选项,如图 6-14 所示。

(2) 在右侧的【工具选项板】中单击  UCS按钮,如图 6-15 所示。

(3) 直接在命令行中输入 UCS。

图 6-14 新建 UCS 选项

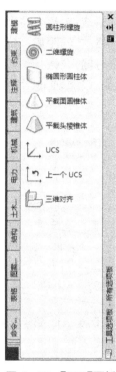
图 6-15 【UCS】面板

启动 UCS 命令后,AutoCAD 提示:

指定 UCS 的原点或[面(F)/命名(NA)/对象(OB)/上一个(P)/视图(V)/世界(W)/X/Y/Z/Z 轴(ZA)]<世界>:

系统默认的选项是【指定 UCS 的原点】,此时指定用来定位新坐标系原点的点后,系统继续提示:

指定 X 轴上的点或<接受>:

按 ENTER 键接受,或指定一个点来确定 X 轴的方向。如果指定第二点,UCS 将绕先前指定的原点旋转,以使 UCS 的 X 正半轴通过该点。系统继续提示:

指定 XY 平面上的点或<接受>:

按 ENTER 键接受,或者指定一个点来确定 XY 平面的方向。如果指定第三点,UCS

将绕 X 轴旋转，以使 UCS 的 XY 平面的 Y 轴正半轴包含该点。

利用 UCS 命令的【指定 UCS 的原点】选项，可简单地通过指定一个新原点来平移原坐标系，或者通过指定二个或三个点来移动并改变坐标系的方向，这是初学者最常用的方法。

图 6-16 所示为原坐标系；图 6-17 所示为指定一个点平移坐标系；图 6-18 所示为指定点 1 确定坐标系的原点，指定点 2 确定 X 轴方向，指定点 3 确定 Y 轴方向；图 6-19 为移动并旋转后的坐标系。

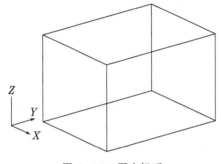

图 6-16　原坐标系

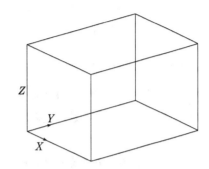

图 6-17　指定一个点平移坐标系

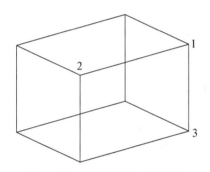

图 6-18　指定 X 轴和 Y 轴方向

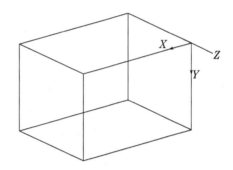

图 6-19　移动并旋转后的坐标系

UCS 命令的其他选项简要说明如下。

面：在三维实体上选择一个面，将 UCS 与三维实体的选定面对齐。选择面时，应在该面的边界内或面的边上单击，被选中的面将亮显，UCS 的 X 轴将与该面上最近的边对齐。

命名：该选项用于按名称保存当前的 UCS、恢复或删除已保存的 UCS。

对象：根据选定三维对象定义新的坐标系。

上一个：恢复上一个 UCS。系统自动保存用户创建的最后十个坐标系，重复【上一个】选项将逐步返回上一个坐标系。

视图：以垂直于观察方向的平面（屏幕）为 XY 平面，建立新的坐标系，UCS 原点保持不变。

世界：将当前坐标系设置为世界坐标系。

X/Y/Z：将当前坐标系绕指定轴旋转一定的角度。

Z 轴：通过指定新坐标系的原点及 Z 轴正方向上的一点来建立坐标系。

6.4 AutoCAD 设计中心

AutoCAD 2013 的设计中心是一个集管理、查看和重复利用图形的多功能为一体的高效工具。利用设计中心，用户不仅可以浏览、查找、管理 AutoCAD 图形等不同资源，而且只需要拖动鼠标，就能轻松地将一张设计图纸中的图层、图块、文字样式、标注样式、线型、布局及图形等复制到当前图形文件中。

6.4.1 AutoCAD 设计中心简介

可采用以下方法打开【设计中心】窗口：

(1) 在功能区中的【视图】标签中的【选项板】面板中单击设计中心按钮，如图 6-20 所示。

(2) 菜单浏览器中选取【工具】→【选项板】→【设计中心】，如图 6-21 所示。

(3) 在命令行直接输入 ADCENTER 命令。

图 6-20 【选项板】面板

图 6-21 视图浏览器中选择【设计中心】

图 6-22 为设计中心窗口，其中左边区域为树状视图框，右边区域为内容框。

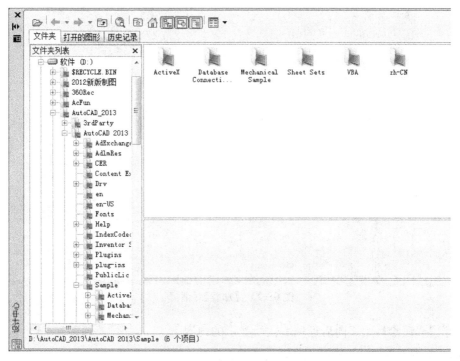

图 6-22 【设计中心】窗口

(1) 树状视图框

树状视图框用于显示系统内的所有资源,包括磁盘及所有文件夹、文件以及层次关系,树状视图框的操作与 Windows 资源管理器的操作方法类似。

(2) 内容框

内容框又称控制板,当在树状视图框中选中某一项时,AutoCAD 会在内容框显示所选项的内容。根据在树状视图框中选项的不同,在内容框中显示的内容可以是图形文件、文件夹、图形文件中的命名对象(如块、图层、标注样式、文字样式等)、填充图案、Web 等。

(3) 工具栏

工具栏位于窗口上方,由一些按钮组成,按钮的主要功能如下:

【打开】按钮：用于在内容框显示指定图形文件的相关内容。单击该按钮,打开【加载】对话框,如图 6-23 所示。通过该对话框选择图形文件后,单击【打开】按钮,树状视图框中显示出该文件名称并选中该文件,在内容框中显示出该图形文件的对应内容。

图 6-23 【加载】对话框

【后退】按钮：用于向后返回一次所显示的内容。
【向前】按钮：用于向前返回一次所显示的内容。
【上一级】按钮：用于显示活动容器的上一级容器内容。容器可以是文件夹或图形。
【搜索】按钮：用于快速查找对象。单击该按钮，打开【查找】对话框，如图 6-24 所示。

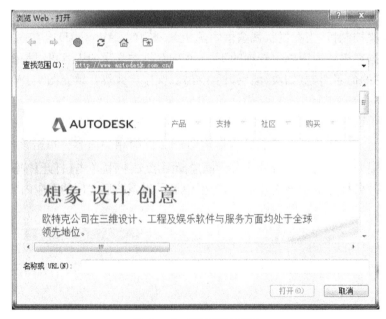

图 6-24 【查找】对话框

【收藏夹】按钮:用于在内容框内显示收藏夹中的内容。

【主页】按钮:用于返回到固定的文件夹或文件,即在内容框内显示固定文件夹或文件中的内容。默认固定文件夹为 Design Center 文件夹。

【树状视图框切换】按钮:用于显示或隐藏树状视图窗口。

【预览】按钮:用于显示内容框中打开或关闭【预览】窗格的切换。【预览】窗格位于内容框的下方,可以预览被选中的图形或图标。

【说明】按钮:用于在内容框内实现打开或关闭【说明】窗格的切换,用来显示说明内容。

另外,【视图】按钮用于确定在内容框内显示内容的格式。单击右侧小箭头,打开下拉列表,可以选择不同的显示格式,其中包括【大图标】、【小图标】、【列表】和【详细信息】四种格式。

(4) 选项卡

AutoCAD 设计中心有【文件夹】、【打开的图形】、【历史纪录】三个选项卡,各选项卡功能如下:

【文件夹】选项卡:用于显示文件夹,如图 6-25 所示。

【打开的图形】选项卡:用于显示当前已打开的图形及相关内容,如图 6-26 所示。

【历史记录】选项卡:用于显示用户最近浏览过的 AutoCAD 图形,如图 6-27 所示。

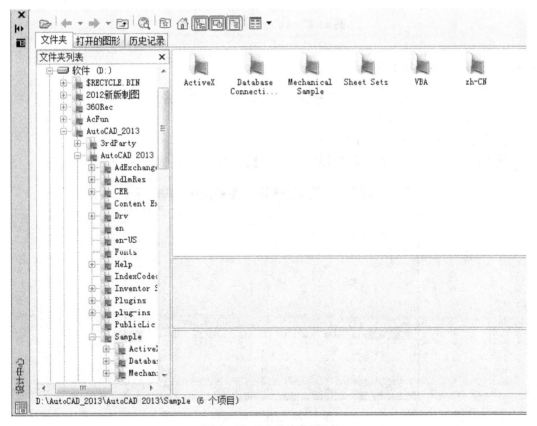

图 6-25 【文件夹】选项卡

图 6-26 【打开的图形】选项卡

图 6-27 【历史记录】选项卡

6.4.2 使用 AutoCAD 设计中心

使用 AuoCAD 设计中心可以打开、查找、复制图形文件和属性。

(1) 查找(搜索)图形文件

该功能可以查找所需要的图形内容。

单击【设计中心】工具栏的【搜索】按钮,打开【搜索】对话框,如图 6-28 所示。

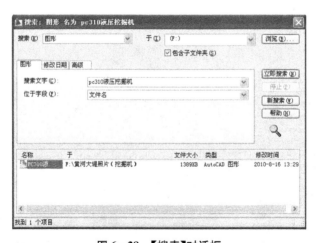

图 6-28 【搜索】对话框

【搜索】对话框中各选项含义如下。

【搜索】下拉列表框：用于确定查找对象的类型。可以通过下拉列表在标注样式、布局、块、填充图案、填充图案文件、图层、图形、图形和块、外部参照、文字样式、线型等类型中选择。

【于】下拉列表框：用于确定搜索路径。也可以单击【预览】按钮来选择路径。

【包含子文件夹】复选框：用于确定搜索时是否包含子文件夹。

【立即搜索】按钮：用于启动搜索。搜索到符合条件要求的文件后，将在下方显示结果。

【停止】按钮：用于停止查找。

【新搜索】按钮：用于重新搜索。

【图形】选项卡：用于设置搜索图形的文字和位于的字段（文件名、标题、主题、作者、关键字）。

【修改日期】选项卡：用于设置查找的时间条件。

【高级】选项卡：用于设置是否包含块、图形说明、属性标记、属性值等，并可以设置图形的大小范围。

(2) 查找内容

单击设计中心工具栏的【搜索】按钮，弹出如图 6-28 所示的【搜索】对话框，利用该对话框，可以搜索所需的资源。在设计中心可以查找的内容有图形、填充图案、填充图案文件、图层、块、图形和块、外部参照、文字样式、线型、标注样式和布局等。

例如要搜索一名称为"pc310 液压挖掘机"的图形文件，已知该图形文件存储于 F 盘，操作步骤如下。

① 打开设计中心。

② 单击【搜索】按钮，打开【搜索】对话框。

③ 在【搜索】下拉列表框中选择【图形】，在【于】下拉列表框中选择(F:)。

④ 打开【图形】选项卡，在【搜索文字】下拉列表框中输入"pc310 液压挖掘机"，在【位于字段】下拉列表框中选择（文件名）。

⑤ 单击【立即搜索】按钮，进行搜索。

6.4.3 向图形中添加内容

使用 AutoCAD 设计中心，可以将指定文件中的图形资源复制到当前图形中。可复制的图形资源包括块、外部参照、光栅图像、图层、线型、文字样式、标注样式及自定义内容等。

(1) 添加图层、线型、文字样式及标注样式

如果要将已有文件的资源复制到当前文件中，应首先在【文件夹】列表区找到资源所在文件的位置，例如要将"E:\Program Files\AutoCAD 2013\Sample\Mechanical Sample"中的"Mechanical-Data Extraction and Multileaders.dwg"图形文件中的"FAN-SCH"表格样式复制到当前图形中，首先在【文件夹】列表区找到该文件，并选中该文件列表下的【表格样式】，在内容显示区显示了该文件中的所有表格样式，如图 6-29 所示。然后可采用以下方法之一来复制需要的样式。

① 在显示区选中需要的"FAN-SCH"图标，按住鼠标左键不放，将其拖到当前绘图区后松开鼠标。

图 6-29 显示所有表格样式

② 用鼠标右键单击"FAN-SCH"图标,在弹出的快捷菜单中选择【复制】,在绘图区单击鼠标右键,在弹出的快捷菜单中选择【粘贴】。

③ 用鼠标右键单击"FAN-SCH"图标,在弹出的快捷菜单中选择【添加表格样式】。

④ 用鼠标双击"FAN-SCH"图标,同样可将该表格样式复制到当前图形。

如果知道表格样式名称为"FAN-SCH",但不知道该样式所在文件夹的位置,这时可利用设计中心的【搜索】功能,搜索到该图形文件,在搜索结果列表中,选中该表格样式,单击鼠标右键,从快捷菜单中选择【添加表格样式】或选择【复制】后再【粘贴】到绘图区,如图 6-29 所示。

(2) 添加块

在 AutoCAD 设计中心,可以使用以下两种方法添加块。

① 拖放法:与上述添加表格样式的方法一样,先在【文件夹】列表区或【搜索】对话框中找到所要插入的块,用鼠标将其拖放到绘图区的相应位置,块将以默认的比例和旋转角度插入到当前图形中。

② 双击法:双击内容区或搜索区中的块,或者用鼠标右键单击内容区或搜索区中的块,都将弹出【插入】对话框,如图 6-30 所示,此对话框的功能与执行命令 INSERT 一样。

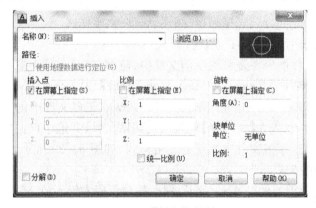

图 6-30 【插入】对话框

(3) 添加光栅图像

通过 AutoCAD 设计中心,可方便地把图像插入到当前图形文件中。先在【文件夹】列表区或【搜索】对话框中找到所要插入的图像文件,双击该图像文件图标,弹出【图像】对话框,如图 6-31 所示,在对话框中设置好比例、旋转角度等即可将图像插入到图形文件中。

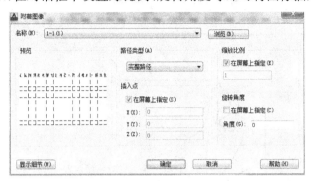

图 6-31 【插入】对话框

6.5 多图档设计环境

AutoCAD2013 提供多文件工作环境,可以同时打开多个图形文件进行编辑,如图 6-32 所示。

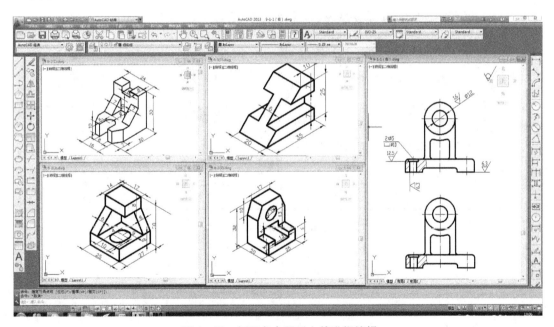

图 6-32 打开多个图形文件进行编辑

多个图形文件被打开后,用鼠标单击某一图形文件窗口中的任何地方,就可以使该窗口成为当前窗口。也可以通过组合键 Ctrl+F6 在所有打开的图形文件间切换。

利用【窗口】菜单可控制多个图形窗口的显示方式。窗口显示方式有【层叠】(如图 6-33 所示)、【水平平铺】(如图 6-34 所示)和【垂直平铺】(如图 6-35 所示)。还可以用【排列图标】来重排这些图形窗口的显示位置。

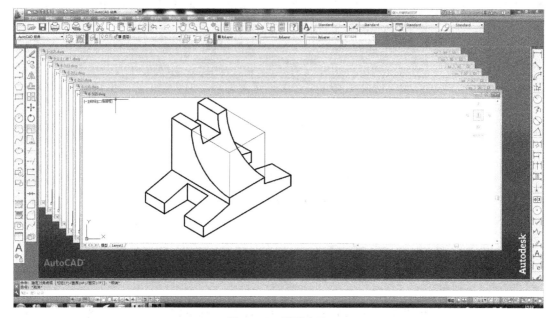

图 6-33 层叠窗口

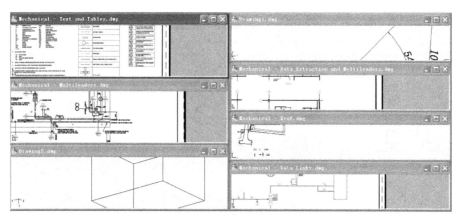

图 6-34 水平平铺

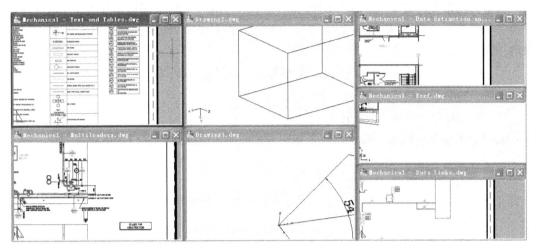

图 6-35 垂直平铺

层叠：重叠窗口,保留标题栏为可见。
水平平铺：以水平、不重叠的方式排列窗口。
垂直平铺：以垂直、不重叠的方式排列窗口。
排列图标：排列窗口图标。

利用 AutoCAD 多文件工作环境,用户可以在不同图形间复制和粘贴对象或者将对象从一个图形拖放到另一个图形中,同时也可以将一个图形中对象的特性传递给另一个图形中的对象。

6.6 Internet 访问与网上发布

Internet 已逐渐成为人们进行信息交流的重要手段,并为用户提供了资源共享的有效途径。为适应互联网的快速发展,使用户能快速有效地共享设计信息,AutoCAD 对其 Internet 功能进行了全面改进,使其与互联网相关的操作更方便、高效。

要使用 AutoCAD 的 Internet 功能,用户必须可以访问 Internet。要将文件保存到 Internet 上,还必须对存储文件的目录设置足够的访问权限。利用 AutoCAD,用户可以在 Internet 上访问或存储 AutoCAD 图形及相关文件。

在多用户之间共享当前操作的图形,从 Web 站点通过拖动方式在当前图形中插入块,或者插入超链接,使其他用户可以方便地访问相关文件,还可以创建 Web 格式的文件,以便让用户浏览、打印 dwf 格式文件。利用发布到 Web 向导功能,可以快速地创建包含 AutoCAD 图形文件的 Web 页。

6.6.1 在 Internet 上打开、保存和插入图形

用户可以使用 AutoCAD 从 Internet 上打开、保存文件和插入图形。AutoCAD 文件输入和输出命令可以识别指向 AutoCAD 文件的任何有效的统一资源定位器(URL)路径。

指定的图形文件被下载到用户的计算机上并在 AutoCAD 绘图区域中打开,用户可以编辑并保存图形。图形既可以保存在本地,也可以保存回 Internet 上用户具有足够访问权限的位置。其操作方法如下:

(1) 在菜单浏览器中选择【文件(F)】→【打开(O)】命令,如图 6-36。

(2) 在标准工具栏中点击【打开】按钮,如图 6-37。

(3) 直接在命令行输入:OPEN。

采用上述任意一种方法都可以打开如图 6-38 所示的【选择文件】对话框。

图 6-36　在菜单浏览器中选择【打开】　　　　图 6-37　在标准工具栏选择【打开】

如果使用【浏览 Web】对话框,可以快速定位到要打开或保存文件的特定的 Internet 网址。可以制定一个默认的 Internet 网址,每次打开【浏览 Web】对话框时都将该位置加载在【选择文件】对话框中,单击【搜索 Web】按钮(如图 6-38 所示),系统将打开【浏览 Web-打开】对话框,并连接到 www.autodesk.com.cn,如图 6-39 所示。如果不知道正确的 URL,或者不想在每次访问 Internet 网址时输入冗长的 URL,则可以使用【浏览 Web】对话框访问文件。

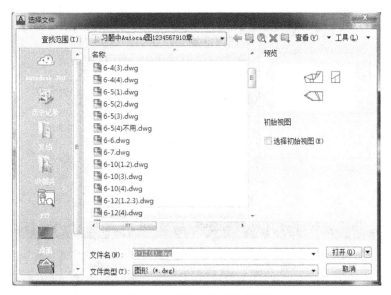

图 6-38 【选择文件】对话框

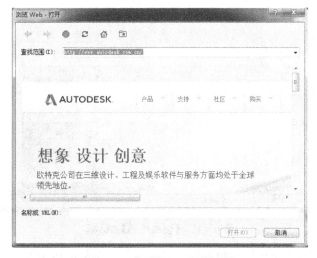

图 6-39 【浏览 Web】的会话框

6.6.2 使用电子传送功能传送文件

在将图形发送给某人时,常见的一个问题是忽略了图形的相关文件(例如字体和外部参照)。在某些情况下,没有这些关联文件将使接受者无法使用原来的图形。使用电子传递可以创建 AutoCAD 图形传递,它可以自动包含所有相关文件。

用户可以将传递集在 Internet 上发布或作为电子邮件附件发送给其他人。系统将自动生成一个报告文件,其中包括有关传递集包括的文件和必须对这些文件所作的处理的详细说明,也可以在报告中添加注释或指令传递集的口令保护。用户可以指定一个文件夹来存放传递集中的各个文件,也可以创建自解压可执行文件或压缩文件。

在 AutoCAD 的菜单浏览器中,选择【文件】→【电子传递】命令,或在功能区【输出】标签的【发送】面板中点击【电子传递】按钮 （如图 6-40），将弹出【创建传递】对话框，如图 6-41 所示。

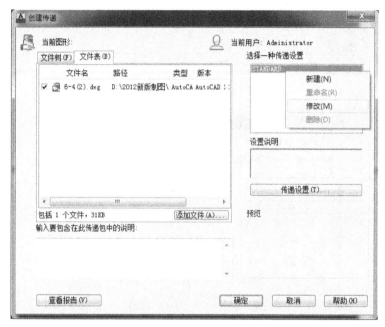

图 6-40 【发送】面板

图 6-41 【创建传递】对话框

【文件树】选项卡：以层次结构树的形式列出要包含在传递包中的文件。默认情况下，将列出与当前图形相关的所有文件（例如相关的外部参照、打印样式和字体）。

【文件表】选项卡：以表格的形式显示要包含在传递包中的文件。

【输入要包含在此传递包中的说明】：可在此输入与传递包相关的注释。这些注释被包括在传递报告中。

【选择一种传递设置】：列出之前保存的传递设置。默认传递设置命名为 STANDARD。单击以选择其他传递设置。单击鼠标右键，在快捷菜单中选择修改命令，可以弹出如图 6-42 所示【修改传递设置】对话框，设置传递的相关属性。

第 6 章　图形显示控制与辅助绘图

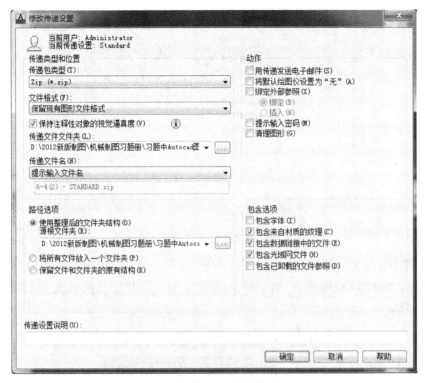

图 6-42　【修改传递设置】对话框

6.6.3　网上发布图形

利用 AutoCAD 2013 的【网上发布】功能，可以将 AutoCAD 图形以 HTML 格式发布到网上。使用 AutoCAD 2013 提供的网上发布向导功能，可以方便快捷地创建精美的 Web 网页。可以通过以下方法之一启用【网上发布】向导。

（1）在菜单浏览器中选择【文件】→【网上发布】，如图 6-43 所示。

（2）在命令行直接输入：PUBLISHTOWEB。

启动【网上发布】向导后，按照向导的提示，即可完成网上发布操作。

以发布已经绘制好的图形文件"水龙头"为例，操作步骤如下。

① 首先打开已经绘制好的图形文件"水龙头"，启动【网上发布】向导，系统弹出如图 6-44 所示的【网上发布-开始】对话框。对话框中的【创建 Web 页】选项，用于将图形发布到一个新的主页上，默认为选中状态。

图 6-43　在菜单浏览器中选择【网上发布】

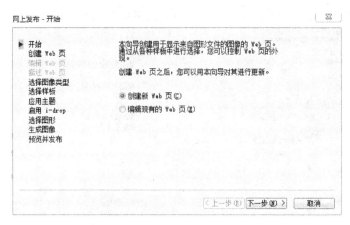

图 6-44 【网上发布-开始】对话框

② 单击【下一步】按钮，弹出如图 6-45 所示的【网上发布-创建 Web 页】对话框，在【指定 Web 页的名称】文本框中输入 Web 页面名称"水龙头"，指定文件系统中 Web 页面的位置及页面说明文字。

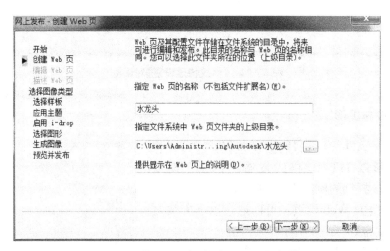

图 6-45 【网上发布-创建 Web 页】对话框

③ 单击【下一步】按钮，弹出如图 6-46 所示的【网上发布-选择图像类型】对话框，对话框中【DWF】为默认格式，此外还可以指定【DWFx】、【JPEG】或【PNG】3 种文件格式。当选中【JPEG】或【PNG】格式时，还可指定图像的大小。

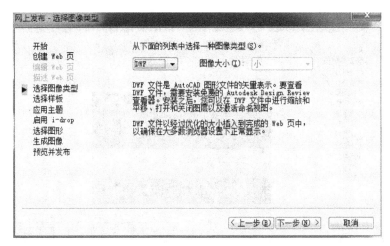

图 6-46 【网上发布-选择图像类型】对话框

④ 单击【下一步】按钮,弹出如图 6-47 所示的【网上发布-选择样板】对话框,在对话框中选择所需的布局样板,在右侧的预览框中可以预览页面布局的效果。

图 6-47 【网上发布-选择样板】对话框

⑤ 单击【下一步】按钮,弹出如图 6-48 所示的【网上发布-应用主题】对话框,在对话框中选择相应的页面主题,可在右侧的预览框中预览页面主题的效果。

⑥ 单击【下一步】按钮,弹出如图 6-49 所示的【网上发布-启用 i-drop】对话框。对话框中的【启用 i-drop】复选项,用于确定是否支持联机拖放,如果选中该复选项,图形文件将随发布文件一起复制到网页上。

⑦ 单击【下一步】按钮,弹出如图 6-50 所示的【网上发布-选择图形】对话框,在对话框中的【图形】下拉列表中选择要发布的图形文件,单击【添加】按钮,图形即被添加到右侧【图像列表】中。

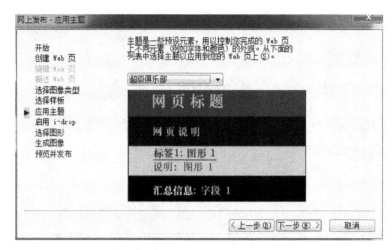

图 6-48 【网上发布-应用主题】对话框

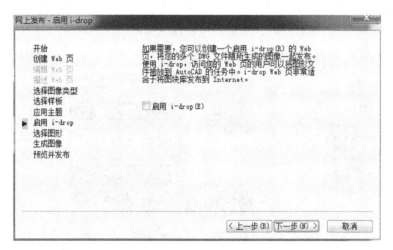

图 6-49 【网上发布-启用 i-drop】对话框

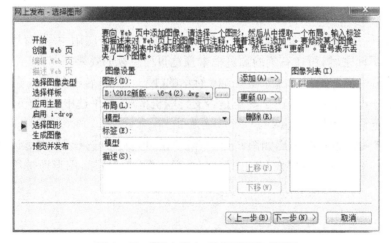

图 6-50 【网上发布-选择图形】对话框

⑧ 单击【下一步】按钮，弹出如图 6-51 所示的【网上发布-生成图像】对话框，其中【重新生成已修改图形的图像】为默认选中状态。

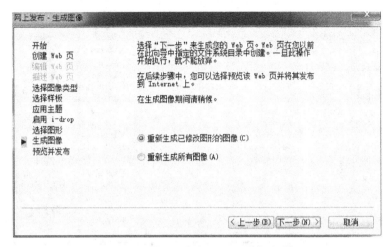

图 6-51 【网上发布-生成图像】对话框

⑨ 单击【下一步】按钮，弹出如图 6-52 所示的【网上发布-预览并发布】对话框，单击【预览(P)】按钮可打开预览器预览网页的效果。单击【立即发布(N)】按钮，弹出如图 6-53 所示的【发布 Web】对话框，单击【保存】按钮即可发布网页。

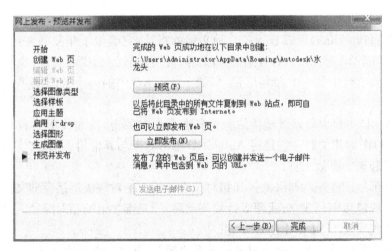

图 6-52 【网上发布-预览并发布】

图 6-53 【发布 Web】对话框

6.7 超级链接

超级链接(Hyperlink)可以看做是一种文件的指针,它提供了相关联文件的路径,以指向在本地、网络驱动器或 Internet 上存储的文件,并可跳转到相应的文件;也可以在超级链接中指定跳转到文件中的一个命名位置,例如 AutoCAD 中的一个视图或字处理程序中的一个书签。

在 AutoCAD 中可以将超级链接附着到任意图形对象上,从而简单而有效地将多种文档与 AutoCAD 图形相关联。它是将 AutoCAD 图形对象与其他信息(如文字、数据表格、声音、动画)连接起来的有效工具。

可以在图形中创建绝对超级链接和相对超级链接。绝对超级链接存储文件位置的完整路径。相对超级链接则是建立在【超级链接基础路径】基础之上的相对路径。超级链接基础路径保存在系统变量 HYPERLINKBASE 中。

用户可为图形中的一个或多个对象附着超级链接,其命令调用方式为:

(1) 菜单浏览器中选择【插入】→【超级链接】,如图 6-54 所示。

(2) 在功能区的【块和参照】标签中选择【数据】面板(如图 6-55)中的【超链接】按钮 超链接。

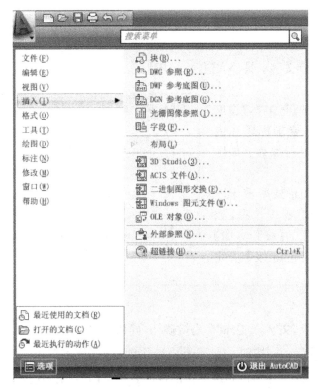

图 6-54　从菜单浏览器中选择【超级链接】

图 6-55　【数据】面板

(3) 直接在命令行输入：HYPERLINK。

调用该命令后，系统提示用户选择对象，并弹出【插入超链接】对话框，见图 6-56。在该对话框中，用户可在【键入文件或 Web 页名称(E)】编辑框中指定超级链接的路径，并在【显示文字(T)】中指定该超级链接的说明。用户还可通过 文件(F)... 按钮选择文件，通过 Web 页(W)... 按钮选择万维网中的 Web 页或通过 目标(G)... 按钮选择图形中的命名位置

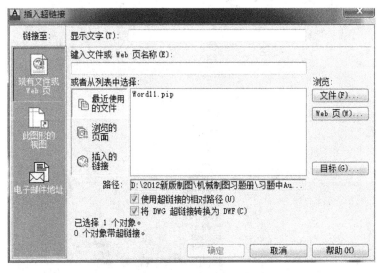

图 6-56　【插入超链接】对话框

进行链接。

6.7.1 使用超级链接

(1) 在 AutoCAD 中使用多行文字工具插入【技术要求】。

(2) 插入超级链接。

首先利用 Windows 系统中的【记事本】程序创建一个文本文件，并输入技术要求标题和内容，然后以"技术要求.txt"为名进行保存。如图 6-57 所示。

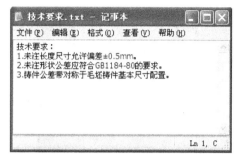

图 6-57 创建文本文件

选择将该文件以超级链接的形式附着于图形中的说明文字上。在菜单浏览器中选择【插入】→【超级链接】，或者在功能区的【块和参照】标签中选择【数据】面板中的【超链接】按钮 超链接。AutoCAD 提示：

选择对象：

这里选择图形中的"技术要求"文字，点击鼠标右键确认，确认后将弹出【插入超链接】对话框。在该对话框中，单击 文件(F)... 按钮并选择上一步骤创建的"技术要求.txt"文件，并在【显示文字】编辑框中输入"要求"作为该超级链接的说明。单击【确定】按钮完成设置。

(3) 显示并使用超级链接

当用户将光标移到附着了超级链接的对象上后，将在光标处显示超级链接标记和说明文字。如图 6-58 所示。这时可以根据提示【Ctrl+单击来跟随链接】按着 Ctrl 键的同时点击鼠标左键来打开相应的文件。

图 6-58 将光标移动到超级链接的对象上

用户对已有的超级链接可通过快捷菜单进行编辑,如图 6-59 所示。编辑功能包括:
复制超链接(C):复制该超级链接。
添加到收藏夹(A)…:将该超级链接的快捷方式添加到收藏夹中。
编辑超链接(E)…:编辑超级链接的功能与插入超级链接功能基本相同,只增加了一个
【删除链接】选项。
注意 AutoCAD 允许对图中的任意对象增加超级链接。一个对象只能有一个超级链接,而一个超级链接可以加到多个选择的对象上。

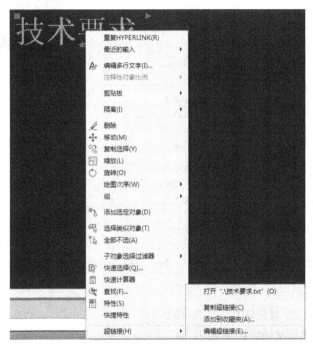

图 6-59 快捷菜单

6.8 计算和查询

因为 AutoCAD 图形数据库中保存了所有对象的详细信息,包括它们的精确几何参数,这样,可以很容易地计算任何封闭对象的面积和周长。另外,也可以计算由指定的若干点构成封闭区域的面积。在计算面积时,AutoCAD 将自动记录并将一个或多个面积进行加减运算,从而求出总和。

如果指定了一系列的点并形成了一个封闭的多边形区域,则 AutoCAD 将根据这个虚构的多边形,计算图形中任一部分的面积和周长。

要计算由指定的点围成的多边形区域的面积,可以使用以下任一种方法:

(1) 在功能区【工具】标签中的【查询】面板中,选择【面积】命令按钮,如图 6-60 所示。

(2) 在菜单浏览器中选择【工具】→【查询】→【面积】,如图 6-61 所示。

(3) 直接在命令行输入 AREA[或 AA(aa)], 然后按回车键。

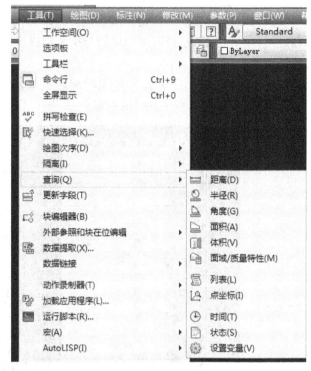

图 6-60 【查询】面板　　图 6-61 在菜单浏览器中选择【查询命令】

AutoCAD 将提示：

指定第一个角点或[对象(O)/加(A)/减(S)]：

若指定第一点，AutoCAD 接着提示：

指定下一个角点或按 ENTER 键全选：

若指定第二点，AutoCAD 重复提示。

继续指定点，按顺序定义要计算面积的各边。要结束该命令，按回车键。AutoCAD 立即显示由点定义的各边围成的面积和周长（注意，不需要指定第一点来封闭多边形，但这样做了，也不会改变计算的值）。

6.8.1 计算封闭对象的面积

在 AutoCAD 中，可以计算任何封闭对象的面积，另外，根据所选对象的类型，AutoCAD 可计算对象的周长。同样可以采用以下方法启动【查询】命令：

(1) 在功能区【工具】标签中的【查询】面板中，选择【面积】命令按钮。

(2) 在菜单浏览器中选择【工具】→【查询】→【面积】。

(3) 直接在命令行输入 AREA[或 AA(aa)], 然后按回车键。

AutoCAD 提示：

指定第一个角点或[对象(O)/加(A)/减(S)]：

键入 O(【对象】选项)，按回车键，或单击右键从快捷菜单中选择【对象】。AutoCAD

提示：

选择对象：

选择对象后，AutoCAD 将立即显示面积和周长。

6.8.2 计算组合面积

可以使用【加】和【减】选项组合面域，计算最后总和。在做区域面积的加减计算时，可以通过选择对象或指定点所围成的多边形作为计算的面域。

在计算组合面域时，必须将 AREA 命令切换到【加】模式或【减】模式，一旦进入【加】模式，选定的任何面域都做加运算；而在【减】模式下，则从总和中减去所选的任何面域。在 AREA 命令的提示下，可以键入 A 或 S 来切换模式，或在图形区中单击右键，从快捷菜单中选择【加】或【减】。

例如，使用 AREA 命令的【加】模式和【减】模式，计算如图 6-62 图形的面积，步骤如下：

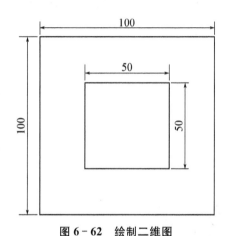

图 6-62　绘制二维图

在功能区【工具】标签中的【查询】面板中，选择【面积】命令按钮。

AutoCAD 提示：

命令：AREA

指定第一个角点或[对象(O)/加(A)/减(S)]：A

这里输入 A，切换到【加】模式；

指定第一个角点或[对象(O)/减(S)]：O

这里输入 O，切换到【选择对象】模式；

(【加】模式)选择对象：

这里选择边长为 100 的正方形；

面积=10 000.000 0，周长=400.000 0

总面积=10 000.000 0

(【加】模式)选择对象：

按回车键。

指定第一个角点或[对象(O)/减(S)]：S

这里输入 S,切换到【减】模式；
指定第一个角点或[对象(O)/加(A)]:O
这里输入 O,切换到【选择对象】模式；
(【减】模式)选择对象：
这里选择边长为 50 的正方形；
面积=2 500.000 0,周长=200.000 0
总面积=7 500.000 0

6.9 上机实践

6.9.1 利用对象捕捉和对象追踪功能快速、准确地绘制图形

(注:图中点画线构成的三角形为边长 100 的正三角形,如图 6-63 所示)。

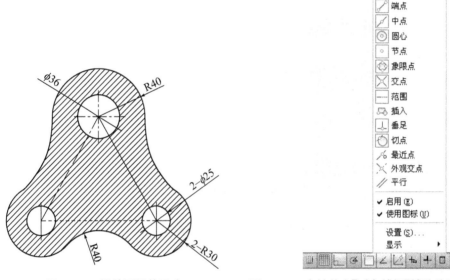

图 6-63 零件图及其尺寸　　图 6-64 右键单击【对象捕捉】辅助绘图工具按钮

(1) 右键单击【对象捕捉】辅助绘图工具按钮,在弹出的菜单中选中【端点】、【中点】、【圆心】、【节点】、【象限点】、【交点】、【垂足】和【切点】,如图 6-64 所示,设置捕捉对象,为下面绘图做准备。

(2) 将线型设置为点画线————ACAD-ISD10W100,点击功能区的直线工具按钮。

AutoCAD 提示：

命令:_line 指定第一点：
在屏幕中任选一点点击左键,AutoCAD 提示：
指定下一点或[放弃(U)]:@100<60
输入@100<60,用相对极坐标绘制第二点,从而确定三角形第一条边,如图 6-65 所示。
指定下一点或[放弃(U)]:@100<-60

输入@100<60,用相对极坐标绘制第三点,从而确定三角形第二条边,如图 6-66 所示。
指定下一点或[闭合(C)/放弃(U)]:
捕捉并点击三角形第一条边的起点,完成第三条边的绘制,如图 6-67 所示。
按 Enter 键,完成边长 100 的正三角形。

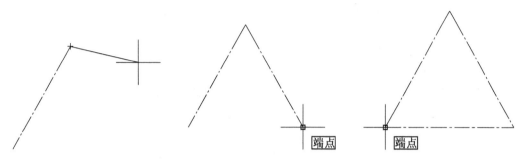

图 6-65　绘制三角形第一条边　　图 6-66　绘制三角形第二条边　　图 6-67　绘制三角形第二条边

(3) 将线型切换回————ByLayer,点击功能区圆工具按钮。

命令:_circle 指定圆的圆心或[三点(3P)/两点(2P)/切点、切点、半径(T)]:
捕捉并点击三角形上顶点作为圆心。
指定圆的半径或[直径(D)]<167.5000>:18
输入圆的半径 18。按空格键重复上一命令。
命令:_circle 指定圆的圆心或[三点(3P)/两点(2P)/切点、切点、半径(T)]:
捕捉并点击三角形上顶点作为圆心。
指定圆的半径或[直径(D)]<18.0000>:40
输入圆的半径 40,两圆绘制完成后如图 6-68 所示。
用同样的方法分别以三角形的两个底角为圆心绘制半径为 30 和 12.5 的圆各两个,此时模型如图 6-69 所示。

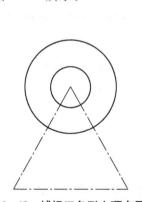
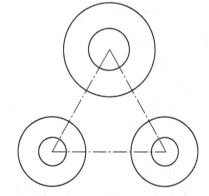

图 6-68　捕捉三角形上顶点画圆　　　图 6-69　捕捉三角形底角顶点画圆

(4) 在功能区点击【相切、相切、半径】画圆工具按钮。
命令:_circle 指定圆的圆心或[三点(3P)/两点(2P)/切点、切点、半径(T)]:_ttr
指定对象与圆的第一个切点:
捕捉点击左下角大圆,作为第一个相切对象。

指定对象与圆的第二个切点:
捕捉点击右下角大圆,作为第二个相切对象。
指定圆的半径<30.0000>:40
输入圆的半径40,绘制和两圆相切且半径为40的圆,如图6-70所示。
点击功能区的直线工具按钮 。
命令:_line指定第一点:
捕捉最上边圆的左侧象限点。
指定下一点或[放弃(U)]:
竖直向上移动,点击鼠标确定第二点,按回车完成辅助线的绘制,如图6-71。

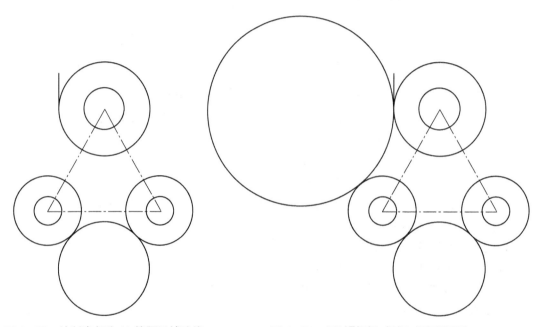

图6-70　绘制半径为40的圆及辅助线　　　图6-71　通过【相切、相切、相切】画圆

（5）在功能区点击【相切、相切、相切】画圆工具按钮 。

命令:_circle指定圆的圆心或[三点(3P)/两点(2P)/切点、切点、半径(T)]:_3p 指定圆上的第一个点:_tan 到
点击所画辅助线。
指定圆上的第二个点:_tan 到
点击上部大圆
指定圆上的第三个点:_tan 到
点击左下角小圆,即可完成如图和这三者均相切的圆,如图6-71所示。

（6）在功能区点击镜像命令按钮 。
命令:_mirror
选择对象:找到1个
点击上一步所画的大圆。
选择对象:

按回车完成镜像对象选择。
指定镜像线的第一点:指定镜像线的第二点:
分别选择三角形顶点和三角形底边中点,以确认镜像对称轴。
要删除源对象吗？[是(Y)/否(N)]<N>:
按回车保持默认选项完成镜像图形,如图6-72所示。

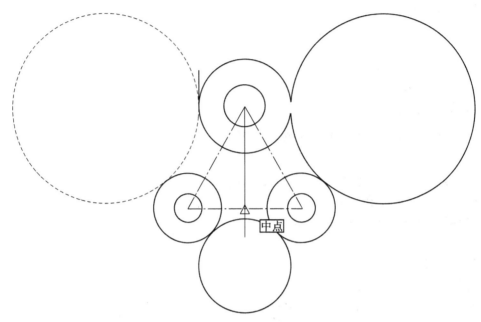

图6-72 确定镜像轴

(7)点击功能区修改命令按钮 ，按回车键,依次剪切多余图线,最终结果如图6-73所示。

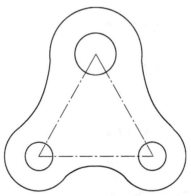

图6-73 完成的图形

6.9.2 使用查询功能计算阴影部分面积

(1)点击功能区面域命令按钮 。
命令:_region

选择对象:找到 1 个
选择对象:找到 1 个,总计 2 个
选择对象:找到 1 个,总计 3 个
选择对象:找到 1 个,总计 4 个
选择对象:找到 1 个,总计 5 个
选择对象:找到 1 个,总计 6 个
依次点选所绘图形的外轮廓边线,按回车。
选择对象:
已提取 1 个环。
已创建 1 个面域。
完成面域的转换。

(2) 点击功能区查询面板上的区域命令按钮。

命令:_area
指定第一个角点或[对象(O)/加(A)/减(S)]:A
输入 A,回车,切换到加模式。
指定第一个角点或[对象(O)/减(S)]:O
输入 O,回车。
(【加】模式)选择对象:
选择上一步所建面域。
面积=15 575.768 9,周长=528.169 6
总面积=15 575.768 9
计算出面域面积。
(【加】模式)选择对象:
按回车回到一般模式。
指定第一个角点或[对象(O)/减(S)]:S
输入 S,回车,切换到减模式。
指定第一个角点或[对象(O)/加(A)]:O
输入 O,回车。
(【减】模式)选择对象:
面积=1 017.876 0,圆周长=113.097 3
总面积=14 557.892 9
(【减】模式)选择对象:
面积=490.873 9,圆周长=78.539 8
总面积=14 067.019 0
(【减】模式)选择对象:
面积=490.873 9,圆周长=78.539 8
总面积=13 576.145 2
(【减】模式)选择对象:
依次点击图中的三个小圆,最终得到图 6-80 中阴影部分面积。

6.9.3 对绘制图形实时缩放和平移

（1）单击功能区应用程序面板中的实时缩放命令按钮🔍。按下鼠标左键，向下移动鼠标为缩小图形；向上移动鼠标为放大图形。

（2）单击功能区应用程序面板中的平移命令✋。光标变成一只小手，按住鼠标左键，左右、上下移动鼠标即可改变视口位置，按 Esc 键或 Enter 键即可退出。

习　题

习题 6-1　利用对象捕捉和对象追踪功能快速、准确地绘制下列图形，并使用查询功能计算图形中各部分的面积。

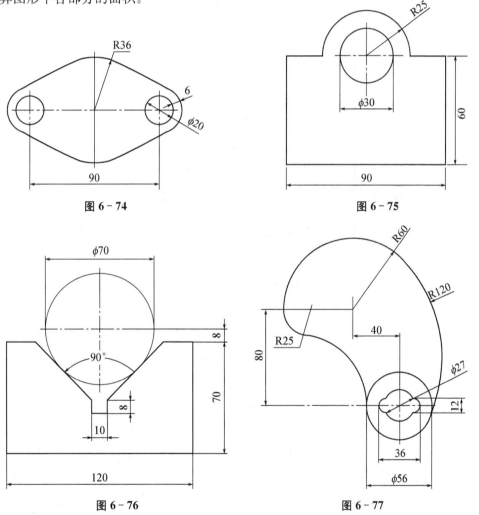

图 6-74　　　　　图 6-75

图 6-76　　　　　图 6-77

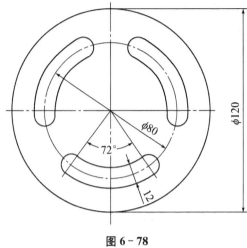

图 6-78

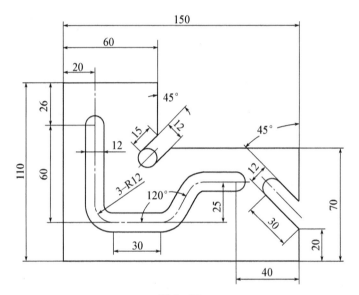

图 6-79

第7章 标注尺寸

尺寸标注是绘图设计中的一项重要内容。图形只能表达物体的形状,而物体的大小及结构间的相对位置必须要有尺寸标注来确定。AutoCAD 提供了一套完整的尺寸标注系统,它不仅可以方便快捷地为图形创建符合国家标准的尺寸标注样式,而且能够自动精确地测量所标注对象的尺寸大小,并提供强大的尺寸编辑功能。

7.1 尺寸标注的组成和类型

7.1.1 尺寸标注的组成

工程图中一个完整的尺寸一般由尺寸线、尺寸界限、尺寸起止符号(箭头)、尺寸数字四个部分组成,如图 7-1 所示。各组成部分的特点:

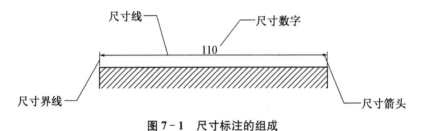

图 7-1 尺寸标注的组成

1. 尺寸线

尺寸线用于表示尺寸标注的方向。必须以直线或圆弧的形式单独画出,不能用其他线条替代或与其他线条重合。

2. 尺寸界线

尺寸界线用于表示尺寸标注的范围。可以单独绘出,也可以利用轴线、轮廓线、对称中心线作为尺寸界线,一般情况下尺寸界线与尺寸线垂直。

3. 尺寸起止符号

尺寸起止符号用于表示尺寸标注的起始和终止位置。制图标准中规定尺寸起止符号有两种形式,如图 7-2 所示。机械图样主要是用箭头来表示起止符号,当尺寸过小时也可以用点来代替箭头。

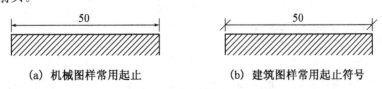

(a) 机械图样常用起止　　　　(b) 建筑图样常用起止符号

图 7-2 尺寸起止符号示例

4. 尺寸数字

尺寸数字用于表示尺寸的具体大小。尺寸数字可注写在尺寸线的上方和中断位置，但不能与尺寸线重叠。

7.1.2 尺寸标注的类型

AutoCAD 2013 提供了多种尺寸标注类型，分别为：快速标注、线性、对齐、弧长、坐标、半径、折弯、直径、角度、基线、连续、引线、公差、圆心标记等，在【标注】菜单和【标注】工具栏中列出了尺寸标注的类型，如图 7-3 和图 7-4 所示。本章将分别介绍各类标注方法。

图 7-3 【标注】菜单

图 7-4 【标注】工具栏

7.2 设置尺寸标注样式

尺寸标注时，必须符合有关制图的国家标准规定，所以在进行尺寸标注时，要对尺寸标注的样式进行设置,以便得到正确的统一尺寸样式。

7.2.1 标注样式管理器

1. 执行途径

(1) 菜单栏:【标注】→【样式】。

(2)【标注】工具栏 。

(3) 命令行:DIMSTYLE。

打开【标注样式管理器】对话框,如图 7-5 所示。

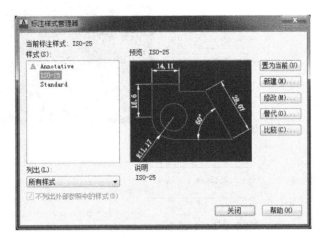

图 7-5 【标注样式管理器】对话框

2. 选项说明

【标注样式管理器】对话框中的各选项功能如下。

【当前标注样式】标签:用于显示当前使用的标注样式名称。

【样式】列表框:用于列出当前图中已有的尺寸标注样式。

【列出】下拉列表框:用于确定在【样式】列表框中所显示的尺寸标注样式范围。可以通过列表在【所有样式】和【正在使用的样式】中选择。

【预览】框:用于预览当前尺寸标注样式的标注效果。

【说明】框:用于对当前尺寸标注样式的说明。

【置为当前】按钮:用于将指定的标注样式置为当前标注样式。

【新建】按钮:用于创建新的尺寸标注样式。单击【新建】按钮后,打开【创建新标注样式】对话框,如图 7-6 所示。在对话框中,【新样式名】框,用于确定新尺寸标注样式的名字。【基础样式】下拉列表框,用于确定以哪一个已有的标注样式为基础来定义新的标注样式。【用于】下拉列表框,用于确定新标注样式的应用范围,提供了【所有标注】、【线性标注】、【角度标注】、【半径标注】、【直径标注】、【坐标标注】、【引线标注】、【引线与公差】等范围供用户选择。完成上述设

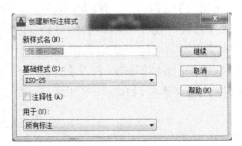

图 7-6 【创建新标注样式】对话框

置后,单击【继续】按钮,打开【新建标注样式】对话框,如图7-7所示。其中各选项卡的内容和设置方法将在后面小节中详细介绍。设置完成后,单击【确定】按钮,返回【标注样式管理器】对话框。

【修改】按钮:用于修改已有的标注尺寸样式。单击【修改】按钮,可以打开【修改标注样式】对话框,此对话框与图7-7所示的【新建标注样式】对话框形式类似。

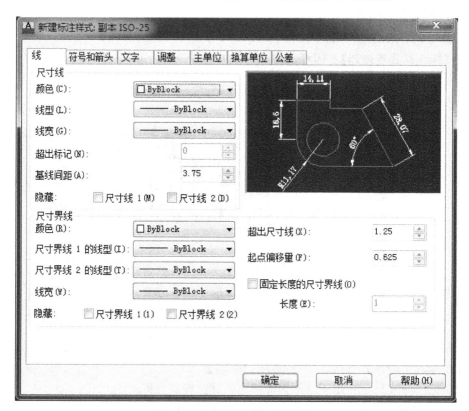

图7-7 【新建标注样式】对话框

【替代】按钮:用于设置当前样式的代替样式。单击【替代】按钮,可以打开【替代标注样式】对话框,此对话框与图7-7所示的【新建标注样式】对话框形式类似。

【比较】按钮:用于对两个标注样式作比较。用户利用该功能可以快速了解不同标注样式之间的设置差别,单击【比较】按钮,打开【比较标注样式】对话框,如图7-8所示。

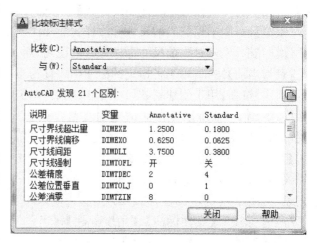

图7-8 【比较标注样式】对话框

7.2.2 【直线】选项卡设置

【直线】选项卡用于设置尺寸线、尺寸界限的格式和属性,如图7-7所示。选项卡中各选项功能如下:

1. 【尺寸线】选项组

该选项组用于设置尺寸线的格式:

【颜色】下拉列表框:用于设置尺寸线的颜色。

【线型】下拉列表框:用于设置尺寸界线的线型。

【线宽】下拉列表框:用于设置尺寸线的线宽。

【超出标记】文本框:当采用倾斜、建筑标记等尺寸箭头时,用于设置尺寸线超出尺寸界限的长度。

【基线间距】文本框:用于设置基线标注尺寸时,尺寸线之间的距离,如图7-9所示。

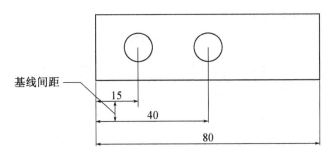

图7-9 【基线间距】设置示例

【隐藏】:【尺寸线1】和【尺寸线2】复选框分别用于确定是否显示第一条或第二条尺寸线,如图7-10所示。【尺寸线1】和【尺寸线2】的顺序确定和尺寸的起始点与终止点位置有关,起始点为1,终止点为2。

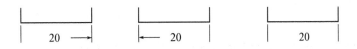

(a) 隐藏尺寸线1　　(b) 隐藏尺寸线2　　(c) 隐藏尺寸线1、尺寸线2

图7-10 隐藏尺寸线示例

2. 【尺寸界限】选项组

该选项组用于设置尺寸界线的格式:

【颜色】下拉列表框:用于设置尺寸界线的颜色。

【尺寸界限1的线型】下拉列表框:用于设置尺寸界线1的线型。

【尺寸界限2的线型】下拉列表框:用于设置尺寸界线2的线型。

【线宽】下拉列表框:用于设置尺寸界线的宽度。

【超出尺寸线】文本框:用于设置尺寸界线超出尺寸线的长度,如图7-11所示。

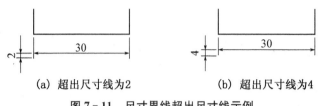

(a) 超出尺寸线为2　　　　(b) 超出尺寸线为4

图7-11　尺寸界线超出尺寸线示例

【起点偏移量】文本框:用于设置尺寸界线的起点与被标注对象的距离,如图7-12所示。

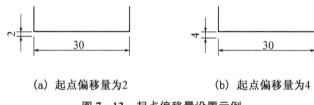

(a) 起点偏移量为2　　　　(b) 起点偏移量为4

图7-12　起点偏移量设置示例

【隐藏】:【尺寸界线1】和【尺寸界线2】复选框分别用于确定是否显示第一条尺寸界限或显示第二条尺寸界线,如图7-13所示。

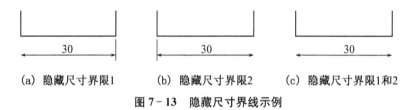

(a) 隐藏尺寸界限1　　(b) 隐藏尺寸界限2　　(c) 隐藏尺寸界限1和2

图7-13　隐藏尺寸界线示例

【固定长度的尺寸界限】复选框:用于使用特定长度的尺寸界线来标注图形,其中在【长度】文本框中可以输入尺寸界线的数值。

3. 预览窗口

右上角的预览窗口用于显示在当前标注样式设置后的标注效果。

7.2.3 【符号和箭头选项卡设置】

1. 【箭头】选项组

该选项组用于确定尺寸线起止符号的样式:

【第一项】下拉列表框:用于设置第一尺寸线箭头的样式。

【第二项】下拉列表框:用于设置第二尺寸线箭头的样式。

尺寸线起止符号标准库中有19种,在工程图中常用的有:实心闭合(即箭头)、倾斜(即细45°斜线)、建筑标记(即粗45°斜线)、小圆点。

【引线】下拉列表框:用于设置引线标注时引线箭头的样式。

【箭头大小】文本框:用于设置箭头的大小。例如箭头的长度、45°斜线的长度、圆点的大小,按制图标准应设成3~4 mm。

2.【圆心标记】选项组

该选项组用于确定圆或圆弧的圆心标记样式：

【标记】、【直线】和【无】单选钮：用于设置圆心标记的类型。

【大小】下拉列表框：用于设置圆心标记的大小。

3. 弧长符号选项组

在【弧长符号】选项组中，可以设置弧长符号显示的位置，包括【标注文字的前缀】、【标注文字的上方】和【无】三种方式，分别如图 7-14 所示。

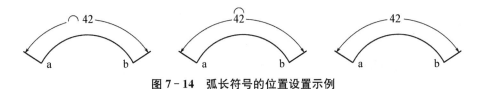

图 7-14 弧长符号的位置设置示例

4. 半径标注折弯

在【折弯角度】文本框中，可以设置标注圆弧半径时标注线的折弯角度大小。

7.2.4 【文字】选项卡设置

【文字】选项卡用于设置尺寸文字的外观、位置以及对齐方式等，如图 7-15 所示。选项卡中各选项功能如下：

图 7-15 【文字】选项卡

1.【文字外观】选项组

该选项组用于设置尺寸文字的样式、颜色、高度等：

【文字样式】下拉列表框：用于选择尺寸数字的样式，也可以单击右侧的文字样式按钮

[...],从打开的【文字样式】对话框中选择样式或设置新样本,如图7-16所示。

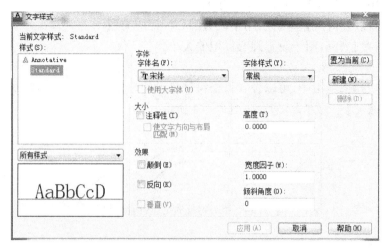

图7-16 【文字样式】对话框

【文字颜色】下拉列表框:用于选择尺寸数字的颜色,一般设为【ByLayer】(随层)。

【文字高度】文字编辑框:用于指定尺寸数字的字高,一般设为【3.5】。

【分数高度比例】文字编辑框:用于设置基本尺寸中分数数字的高度。在分数高度比例文本框中输入一个数值,AutoCAD用该数值与尺寸数字高度的乘积来指定基本尺寸中分数数值的高度。

【绘制文字边框】选项框:用于给尺寸数值绘制边框。例如:尺寸数字"14"注写为"|14|"的形式。

2.【文字位置】选项组

该选项组用于设置尺寸文字的位置:

【垂直】下拉列表框:用于设置尺寸数字相对尺寸线垂直方向上的位置。有【居中】、【上方】、【外部】和【日本工业标准(JIS)】4个选项,如图7-17所示。

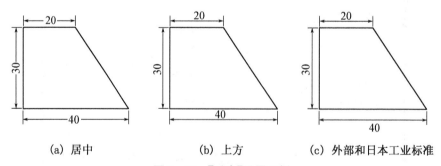

(a) 居中　　　　　(b) 上方　　　　(c) 外部和日本工业标准

图7-17 【垂直】设置示例

【水平】下拉列表框:用于设置尺寸数字相对尺寸线水平方向上的位置。有【置中】、【第一条尺寸界线】、【第二条尺寸界限】、【第一条尺寸界限上方】和【第二条尺寸界限上方】5个选项,如图7-18所示。

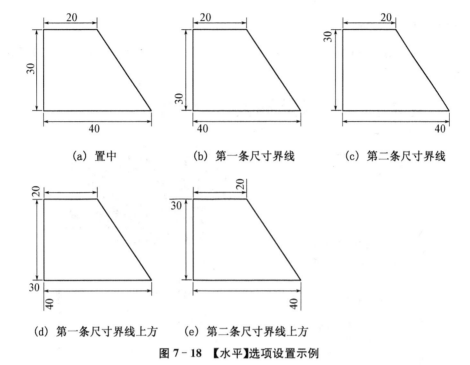

图 7-18 【水平】选项设置示例

【从尺寸线偏移】文本框:用于设置尺寸数字与尺寸线之间的距离。

3.【文字对齐】选项组

该选项组用于设置标注文字的书写方向:

【水平】按钮:用于确定尺寸数字是否始终沿水平方向放置,如图 7-19(a)所示。

【与尺寸线对齐】按钮:用于确定尺寸数字是否与尺寸线始终水平放置,如图 7-19(b)所示。

【ISO 标准】按钮:用于确定尺寸数字是否按 ISO 标准设置。尺寸数字在尺寸界线以内与尺寸线方向平行放置;尺寸数字在尺寸界线以外时则水平放置。

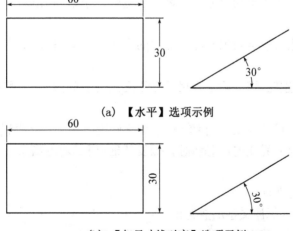

图 7-19 文字对齐示例

7.2.5 【调整】选项卡设置

【调整】选项卡用于设置尺寸数字、尺寸线和尺寸箭头的相互位置,如图7-20所示。选项卡中各项选项功能如下:

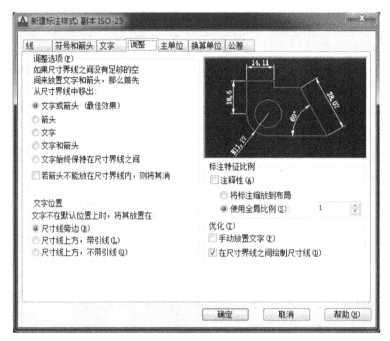

图7-20 【调整】选项卡

1.【调整选项】选项组

该选项组用于设置尺寸数字、箭头的位置:

【文字或箭头(最佳效果)】单选钮:用于系统自动移出尺寸数字和箭头,使其达到最佳的标注效果。

【箭头】单选钮:用于确定当尺寸界线之间的空间过小时,移出箭头,将其绘制在尺寸界线之外。

【文字】单选钮:用于确定当尺寸界线之间的空间过小时,移出文字,将其放置在尺寸界线外侧。

【文字和箭头】单选钮:用于确定当尺寸界线之间的空间过小时,移出文字与箭头,将其绘制在尺寸界线外侧。

【文字始终保持在尺寸界线之间】单选钮:用于确定将文字始终设置在尺寸界线之间。

【若不能放置在尺寸界线内,则消除箭头】复选框:用于确定当尺寸之间的空间过小时,将不显示箭头。

2.【文字位置】选项组

该选项组用于设置标注文字的放置位置:

【尺寸线旁边】:用于确定将尺寸数字放在尺寸线旁边。

【尺寸线上方,带引线】单选钮:用于当尺寸数字不在默认位置时,若尺寸数字与箭头都不足以放到尺寸界线内,可移动鼠标自动绘出一条引线标注尺寸数字。

【尺寸线上方,不带引线】单选钮:用于当尺寸数字不在默认位置时,若尺寸数字与箭头都不足以放到尺寸界线内,按引线模式标注尺寸数字,但不画出引线。

3.【标注特征比例】选项组

该选项组用于设置尺寸特征的缩放关系:

【使用全局比例】单选钮和文本框:用于设置全部尺寸样式的比例系数。该比例不会改变标注尺寸时的尺寸测量值。

【将标注缩放到布局】单选钮:用于确定比例系数是否用于图纸空间。默认状态比例系数只运用于模型空间。

4.【优化】选项组

该选项组用于确定在设置尺寸标注时,是否使用附加调整:

【手动放置文字】复选框:用于忽略尺寸数字的水平放置,将尺寸放置在指定的位置上。

【在尺寸界线之间绘制尺寸线】复选框:用于确定始终在尺寸界线内绘制出尺寸线。当尺寸箭头放置在尺寸界线之外时,也可在尺寸界线之内绘制出尺寸线。

7.2.6 【主单位】选项卡设置

【主单位】选项卡用于设置标注尺寸时的主单位格式,如图 7-21 所示。选项卡中的各项功能如下:

图 7-21 【主单位】选项卡

1.【线性标注】选项组

该选项组用于设置标注的格式和精度:

【单位格式】下拉列表框:用于设置线型尺寸标注的单位,默认为【小数】单位格式。

【精度】下拉列表框:用于设置线型尺寸标注的精度,即保留小数点后的位数。

【分数格式】下拉列表框:用于确定分数形式尺寸时的标注格式。

【小数分隔符】下拉列表框:用于确定小数形式标注尺寸时的分割符形式。其中包括:【小圆点】、【逗点】和【空格】3个选项。

【舍入】文本框:用于设置测量尺寸的舍入值。

【前缀】文本框:用于设置尺寸数字的前缀。

【后缀】文本框:用于设置尺寸数字的后缀。

【比例因子】文本框:用于设置尺寸测量值的比例。

【仅应用到布局标注】复选框:用于确定是否把现行比例系数仅应用到布局标注。

【前导】复选框:用于确定尺寸小数点前面的零是否显示。

【后续】复选框:用于确定尺寸小数点后面的零是否显示。

2.【角度标注】选项组

该选项组用于设置角度标注时的标注形式、精度等:

【单位格式】下拉列表框:用于设置角度标注的尺寸单位。

【精度】下拉列表框:用于设置角度标注尺寸的精度位数。

【前导】和【后续】复选框:用于确定角度标注尺寸小数点前、后的零是否显示。

7.2.7 【换算单位】选项卡设置

【换算单位】选项卡用于设置线型标注和角度标注换算单位的格式,如图7-22所示。选项卡的各项功能如下:

图 7-22 【换算单位】选项卡

1.【显示换算单位】复选框

该选项框用于确定是否显示换算单位。

2.【换算单位】选项组

该选项组用于显示换算单位时,确定换算单位的单位格式、精度、换算单位倍数、舍入精度及前缀、后缀等。

3.【消零】选项组

该选项组用于确定是否消除换算单位的前导和后续零。

4.【位置】选项组

该选项组用于确定换算单位的放置位置,包括【主值后】、【主值下】两个选项。

7.2.8 【公差】选项卡设置

【公差】选项卡用于设置尺寸公差样式、公差值的高度及位置,如图7-23所示。选项卡中各选项的功能如下:

图7-23 【公差】选项卡

1.【公差格式】选项组

该选项组用于设置公差标注格式:

【方式】下拉列表框:用于设置公差标注方式。通过下拉列表框可以选择【无】、【对称】、【极限偏差】、【极限尺寸】、【基本尺寸】等,其标注形式如图7-24所示。

【精度】下拉列表框:用于设置公差值的精度。

【上偏差/下偏差】文本框:用于设置尺寸的上、下偏差值。

【高度比例】文本框:用于设置公差数字的高度比例。

【垂直位置】下拉列表框:用于设置公差数字相对基本尺寸的位置,可以通过下拉列表框进行选择:

【顶】:公差数字与基本尺寸数字的顶部对齐。

【中】:公差数字与基本尺寸数字的中部对齐。

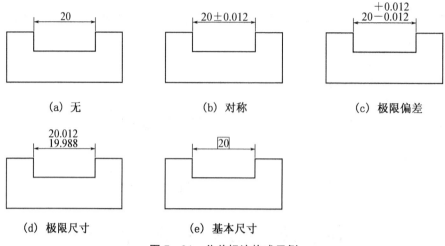

图 7-24 公差标注格式示例

【下】:公差数字与基本尺寸数字的下部对齐。

【前导】和【后续】复选框:用于确定是否消除公差值的前导和后续零。

2.【换算单位公差】选项组

该选项组用于设置换算单位的公差样式。在选择了【公差格式】选项组中的【方式】选项时,可以使用该选项。

【精度】下拉列表框:用于设置换算单位的公差值精度。

7.3 标注尺寸

7.3.1 标注线性尺寸

该功能用于水平、垂直、旋转尺寸的标注。

1. 执行途径

(1) 菜单栏:【标注】→【线性】。

(2)【标注】工具栏:【线性】按钮,如图 7-25 所示。

(3) 命令行:DIMLINEAR。

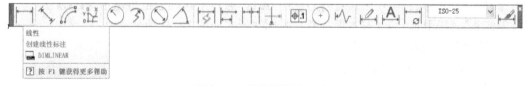

图 7-25 【线性】按钮示例

2. 操作格式

指定第一条尺寸界线起点或<选择对象>:(指定第一条尺寸界线起点)

指定第二条尺寸界线起点:(指定第二条尺寸界线起点)

指定尺寸线位置或[多行文字(M)/文字(T)/角度(A)水平(H)/垂直(V)/旋转(R)]:(指定尺寸线位置或选项)

标注结果如图 7-26 所示。

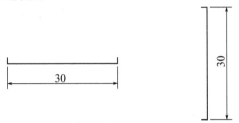

(a) 水平标注　　　　　(b) 垂直标注

图 7-26　标注线性尺寸示例

3. 选项说明

【指定尺寸线位置】:用于确定尺寸线的位置。可以通过鼠标移动光标来指定尺寸线的位置,确定位置后,则按自动测量的长度标注尺寸:

【多行文字】:用于使用【多行文字编辑器】编辑尺寸数字。

【文字】:用于使用单行文字方式标注尺寸数字。

【角度】:用于设置尺寸数字的旋转角度。

【水平】:用于尺寸线水平标注。

【垂直】:用于尺寸线垂直标注。

【旋转】:用于尺寸线旋转标注。

7.3.2　标注对齐尺寸

该功能用于标注倾斜方向的尺寸,如果 7-27 所示。

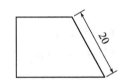

图 7-27　标注对齐尺寸示例

1. 执行途径

(1) 菜单栏:【标注】→【对齐】。

(2)【标注】工具栏:【对齐】按钮,如图 7-28 所示。

(3) 命令行:DIMALIGNED。

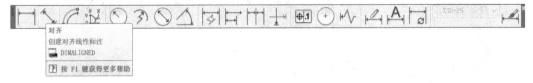

图 7-28　【对齐】按钮示例

2. 操作格式

指定第一条尺寸界线起点或<选择对象>:(指定第一条尺寸界线起点)

指定第二条尺寸界线起点:(指定第二条尺寸界线起点)

指定尺寸线位置或[多行文字(M)／文字(T)／角度(A)水平(H)／垂直(V)／旋转(R)]:(指定尺寸位置或选项)

以上各选项含义与线性标注选项含义类同。

7.3.3 标注弧长尺寸

该功能用于标注弧长的尺寸,如图 7-29 所示。

图 7-29 弧长标注示例

1. 执行途径

(1) 菜单栏:【标注】→【弧长】。

(2) 【标注】工具栏:【弧长】按钮,如图 7-30 所示。

(3) 命令行:DIMARC。

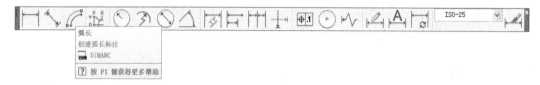

图 7-30 【弧长】按钮示例

2. 操作命令

选择弧线段或多线段弧线段:(选取弧线段)

指定弧长标注位置或[多行文字(M)文字(T)角度(A)部分(P)引线(L)]:(使用鼠标牵引位置,单击左键结束命令)

7.3.4 标注半径尺寸

该功能用于标注圆弧的半径尺寸,如图 7-31 所示。

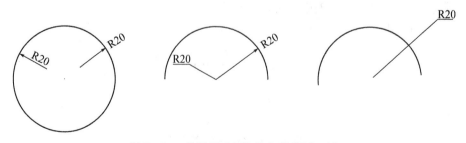

图 7-31 半径尺寸标注的各种类型示例

1. 执行途径

(1) 菜单栏:【标注】→【半径】。

(2)【标注】工具栏:【半径】按钮,如图7-32所示。

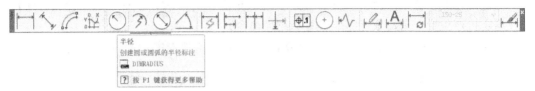

图7-32 【半径】按钮示例

(3) 命令行:DIMRADIUS。

2. 操作格式

选择圆弧或圆:(选取被标注的圆弧或圆)

指定尺寸的位置或[多行文字(M)/文字(T)/角度(A)/]:(移动鼠标指定尺寸的位置或选项)

如果直接指定尺寸的位置,将标出圆或圆弧的半径;如果选择选项,将确定标注的尺寸与其倾斜角度。如果将【圆和圆弧引出】标注样式置为当前样式,则可以进行引出标注,如图7-32所示。

7.3.5 标注折弯尺寸

该功能用于折弯标注圆或圆弧的半径,如图7-33所示。

图7-33 折弯尺寸示例

1. 执行途径

(1) 菜单栏:【标注】→【折弯】。

(2)【标注】工具栏:【折弯】按钮,如图7-34所示。

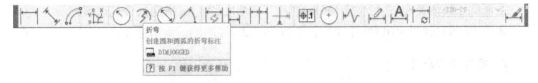

图7-34 【折弯】按钮示例

(3) 命令行:DIMJOGGED。

2. 操作格式

选择圆弧或圆:(选择对象)

指定中心位置替代:(指定尺寸线起点位置)

指定尺寸线位置或[多行文字(M)/文字(T)/角度(A)]:(移动鼠标指定位置或选项)

指定折弯位置:(滑动鼠标指定位置后结束命令)

折弯角度可在【新建标注样式】对话框【符号和箭头】选项卡中设置,默认值为45°。

7.3.6 标注直径尺寸

该功能用于标注圆或圆弧的直径尺寸,如图7-35所示。

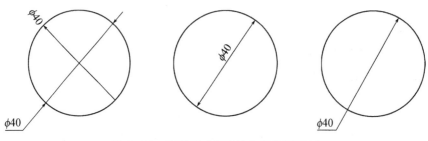

图7-35 直径尺寸标注的各种类型示例

1. 执行途径

(1) 菜单栏:【标注】→【直径】。

(2)【标注】工具栏:【直径】按钮,如图7-36所示。

图7-36 【直径】按钮示例

(3) 命令行:DIMDIAMETER。

2. 操作格式

选择圆弧或圆:(选择对象)

指定中心位置替代:(指定尺寸线起点位置)

指定尺寸线位置或[多行文字(M)/文字(T)/角度(A)]:(指定位置或选项)

如果将【圆和圆弧引出】标注样式置为当前样式,可以进行引出标注,如图7-36所示。

7.3.7 标注角度尺寸

该功能用于标注角度尺寸。

1. 执行途径

(1) 菜单栏:【标注】→【角度】。

(2)【标注】工具栏:【角度】按钮,如图7-37所示。

图 7-37 【角度】按钮示例

(3) 命令行：DIMANGULAR。

2．操作格式

选择圆弧、圆、直线或＜指定顶点＞:(选取对象或指定顶点)

3．选项说明

命令中的各项功能如下。

(1)【圆弧】:用于标注圆弧的包含角。

选取圆弧上任意一点后,系统提示:

指定标注弧线位置或[多行文字(M)/文字(T)/角度(A)]:(拖动尺寸线指定位置或选项)

若直接指定尺寸线位置,AutoCAD 将按测定尺寸数字完成角度尺寸标注,如图 7-38(a)所示。

若进行选项,各选项含义与线性尺寸标注方式的同类选项相同。

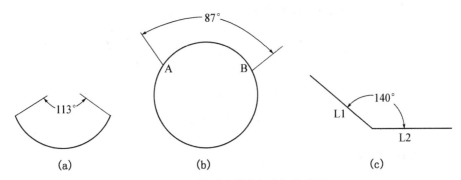

图 7-38 圆弧和圆的角度标注示例

(2)【圆】:用于标注圆上某段弧的包含角。

选取圆的某点后,系统提示:

指定角的第二端点:(选择圆上第二点)

指定标注弧线位置或[多行文字(M)/文字(T)/角度(A)]:(指定尺寸线位置或选项)

指定尺寸线的位置后,完成两点间角度标注,如图 7-38(b)所示。

(3)【直线】:用于标注两条不平行直线间的夹角。

选取一条直线后,系统提示:

选取第二条直线:(选取第二条直线)

指定标注弧线位置或[多行文字(M)/文字(T)/角度(A)]:(指定尺寸线位置或选项)

指定尺寸线的位置后,完成两直线间的角度标注,如图 7-38(c)所示。

(4)【顶点】:用于三点方式标注角度。

选择圆弧、圆、直线或<指定顶点>:(直接按 Enter 键)
指定角顶点:(指定角度顶点)
指定角的第一个端点:(指定第一条边端点)
指定角的第二个端点:(指定第二条边端点)
指定标注弧线位置或[多行文字(M)/文字(T)/角度(A)]:(指定尺寸线位置或选项)

若直接指定尺寸位置,AutoCAD 将按测定尺寸数字完成三点间的角度标注,如图 7-39 所示。

图 7-39　两直线和三点的角度标注示例

7.3.8　快速标注尺寸

快速标注尺寸可以在一个命令下进行多个直径、半径、连续、基准和坐标尺寸的标注。

1. 执行途径

(1) 菜单栏:【标注】→【快速标注】。

(2)【标注】工具栏:【快速标注】按钮,如图 7-40 所示。

图 7-40　【快速标注】按钮示例

(3) 命令行:QDIM。

2. 操作格式

选择要标注的几何图形:(选取对象)

指定尺寸位置或[连续(C)/并列(S)/基线(B)/坐标(O)/半径(R)/直径(D)/基准点(P)/编辑(E)]<连续>:(指定尺寸位置或选项)

3. 选项说明

命令中的各选项功能如下:

【指定尺寸位置】:用于确定尺寸线的位置。

【连续】:采用连续方式一次性标注多个所选对象。

【并列】:采用并列方式一次性标注多个所选对象。

【基线】:采用基线方式一次性标注多个所选对象。

【坐标】:采用坐标方式一次性标注多个所选对象。

【半径】:用于对所选的圆和圆弧标注半径。

【直径】:用于对所选的圆和圆弧标注直径。

【基准点】：用于设置坐标标注或基线标注的基准点。

【编辑】：用于对快速标注的尺寸进行编辑。显示以下提示："指定要删除的标注点或[添加(A)/退出(X)]<退出>：",用鼠标选取要删除或要添加的点,系统自动快速标注尺寸。

7.3.9 标注基线尺寸

该功能用于基线标注。可以把已存在的一个线性尺寸的尺寸界线作为基线,来引出多条尺寸线。下面以图 7-41 为例说明。

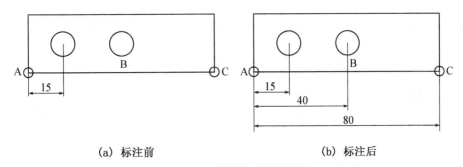

(a) 标注前　　　　　　　　　　(b) 标注后

图 7-41　基线尺寸标注示例

1. 执行途径

(1) 菜单栏：【标注】→【基线】。

(2)【标注】工具栏：【基线】按钮,如图 7-42 所示。

图 7-42　【基线】按钮示例

(3) 命令行：DIMBASELINE。

2. 操作格式

选择基准标注：(指定已存在的线性尺寸界线为起点,如图 7-31 中的点 A)

指定第一条尺寸界线原点或【放弃(U)/选择(S)】<选择>：(指定第一个基线尺寸的第二条尺寸界线起点 B,创建 40 尺寸标注)

指定第二条尺寸界线原点或【放弃(U)/选择(S)】<选择>：(指定第二个基线尺寸的第二条尺寸界线起点 C,创建 80 尺寸标注)

指定第二条尺寸界线原点或【放弃(U)/选择(S)】<选择>：(指定第三个基线尺寸的第二条尺寸界线起点或按 Enter 键结束命令)

选择基准标注：(可另选择一个基准尺寸同上操作进行基线尺寸标注或按 Enter 键结束命令)

其中选项含义如下：

【指定第二条尺寸界线原点】：用于确定第一点后,系统进行基线标注,并提示下一次操作命令。

【放弃】:用于取消上一次操作。

【选择】:用于确定另一尺寸界线进行基线标注。

说明:

① 各基线尺寸间的距离是在尺寸样式中预设定的,见7.2.2节内容。

② 所注的基线尺寸数值只能使用AutoCAD的内测值,不能更改。

7.3.10 标注连续尺寸

该功能用于在同一尺寸线水平或垂直方向连续标注尺寸。下面以图7-43为例。

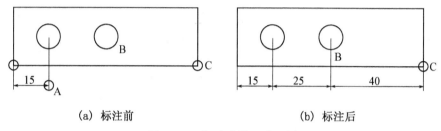

(a) 标注前　　　　　　　　　　(b) 标注后

图7-43　标注连续尺寸示例

1. 执行途径

(1) 菜单栏:【标注】→【连续】。

(2) 【标注】工具栏:【连续】按钮,如图7-44所示。

图7-44　【连续】按钮示例

(3) 命令行:DIMCONTINUE。

2. 操作格式

选择基准标注:(指定已存在的线性尺寸界线为起点,如图7-43中的点A)

指定第二条尺寸界线原点或【放弃(U)/选择(S)】<选择>:(指定第一个连续尺寸的第二条尺寸界线起点B,创建25尺寸标注)

指定第二条尺寸界线原点或【放弃(U)/选择(S)】<选择>:(指定第二个连续尺寸的第二条尺寸界线起点C,创建40尺寸标注)

指定第二条尺寸界线原点或【放弃(U)/选择(S)】<选择>:(指定第三个连续尺寸的第二条尺寸界线起点或按Enter键结束命令)

选择基准标注:(可另选择一个基准尺寸同上操作进行连续尺寸标注或按Enter键结束命令)

其中选项含义与基线标注中选项含义类同。

7.3.11 圆心标记

该功能用于创建圆心的中间标记或中心线,如图 7-45 所示。

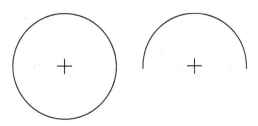

图 7-45 创建圆心标记示例

1. 执行途径
(1) 菜单栏【标注】→【圆心标记】。
(2)【标注】工具栏:【圆心标记】按钮,如图 7-46 所示。

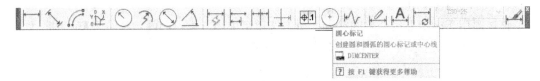

图 7-46 【圆心标记】按钮示例

(3) 命令行:DIMCENTER。
2. 操作格式
选择圆弧或圆:(选择对象)
执行结果与【尺寸标注样式管理器】的【圆心标记】选项设置一致。

7.4 标注形位公差

AutoCAD 提供了标注形位公差的功能,可以通过【形位公差】对话框进行设置,然后快速标注。

1. 执行途径
(1) 菜单栏:【标注】→【公差】。
(2)【标注】工具栏:【公差】按钮,如图 7-47 所示。

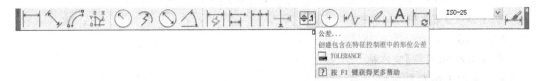

图 7-47 【公差】按钮示例

(3) 命令行：TOLERANCE。

2. 操作格式

打开【形位公差】对话框，如图 7-48 所示。

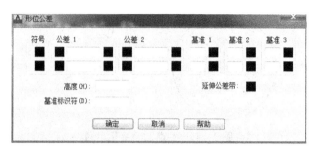

图 7-48　【形位公差】对话框

3. 选项说明

【形位公差】对话框各选项功能说明如下：

(1)【符号】选项组

该选项用于确定形位公差的符号。单击选项组中小方框，打开【特征符号】对话框，如图 7-49 所示。单击选取符号后，返回【形位公差】对话框。

图 7-49　【特征符号】对话框

(2)【公差】选项组

该选项组第一个小方框，确定是否加直径"⌀"符号，中间文本框输入公差值，第三个小方框确定包容条件，当单击第三个小方框时，将打开【附加符号】对话框，如图 7-50 所示，以供选择。

图 7-50　【附加符号】对话框

(3)【基准 1/2/3】选项组

该选项组的文本框设置基准符号，后面的小方框用于确定包容条件。

(4)【高度】文本框

该选项用于设置公差的高度。

(5)【基准标识符】文本框

该选项用于设置基准标识符。

(6)【延伸公差带】复选框

该复选框用于确定是否在公差带后面加上投影公差符号。

设置后,单击【确定】按钮,退出【形位公差】对话框,指定插入公差的位置,即完成公差标注。

7.5 编辑标注尺寸

AutoCAD 2013 提供了对尺寸的编辑功能,可以方便地修改已经标注的尺寸。

7.5.1 编辑标注

该功能用于修改尺寸。

1. 执行途径

(1) 菜单栏:【标注】→【倾斜】。

(2)【标注】工具栏:【编辑标注】按钮,如图 7-51 所示。

图 7-51 【编辑标注】按钮示例

(3) 命令行:DIMEDIT。

2. 操作格式

输入标注编辑类型[默认(H)/新建(N)/旋转(R)/倾斜(O)]<默认>:(选项)

选择对象:(选择编辑对象)

3. 选项说明

命令中的各选项功能如下:

(1)【默认】选项

该选项用于将尺寸标注退回到默认位置。该选项是默认项。选择该项后,系统提示:

选择对象:(选择需退回的尺寸)

选择对象:(继续选择或按 Enter 键结束命令)

(2)【新建】选项

该选项用于打开【多行文字编辑器】来修改尺寸文字。输入 N,打开【多行文字编辑器】对话框,键入新的文字,系统提示:

选择对象:(选择需更新的尺寸)

选择对象:(继续选择或按 Enter 键结束命令)

(3)【旋转】选项

该选项用于将尺寸数字旋转指定的角度。输入 R,系统提示:

指定标注文字的角度:(输入尺寸数字的旋转角度)

选择对象:(选择需旋转的尺寸)

选择对象:(继续选择或按 Enter 键结束命令)

(4)【倾斜】选项

该选项用于指定尺寸界线的选择角度。输入O,系统提示:

选择对象:(选择需倾斜的尺寸)

选择对象:(继续选择或按 Enter 键结束选择)

输入倾斜角度(按 Enter 键表示无):(输入倾斜角)

命令:

结束编辑标注。

7.5.2 编辑标注文字

1. 执行途径

(1) 菜单栏:【标注】→【对齐文字】。

(2)【标注】工具栏:【编辑标注文字】按钮,如图 7-52 所示。

图 7-52 【编辑标注文字】按钮示例

(3) 命令行:DIMTEDIT。

2. 操作格式

选择标注:(选择要编辑的标准)

指定标注文字的新位置或[左(L)/右(R)/中心(C)/默认(H)/角度(A)]:(指定位置或选项)

3. 选项说明

命令中的各选项功能如下。

【指定标注文字的新位置】:用于指定标注文字的位置。

【左】:(用于将尺寸数字沿尺寸线左对齐)

【右】:(用于将尺寸数字沿尺寸线右对齐)

【中心】:(用于将尺寸数字放在尺寸线中间)

【默认】:(用于返回尺寸标注的默认位置)

【角度】:(用于将尺寸旋转一个角度)

7.5.3 更新尺寸标注

该功能更新尺寸标注样式使其采用当前的标注样式。该命令必须在修改当前注释样式之后才起作用。

1. 执行途径

(1) 菜单栏:【标注】→【更新】。

(2)【标注】工具栏:【标注更新】按钮,如图 7-53 所示。

(3) 命令行:DIMSTYLE。

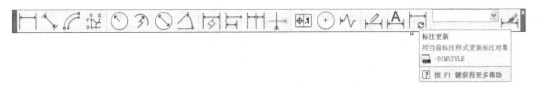

图 7-53 【标注更新】按钮示例

2．操作格式

输入标注样式选项[保存(S)/恢复(R)/状态(ST)/变量(V)/应用(A)?]＜恢复＞：(选项)

3．选项说明

命令中的各选项功能如下：

【保存】：用于存档当前新标注样式。

【恢复】：用于以新的标注样式替代原有的标注样式。

【状态】：用于文本窗口显示当前标注样式的设置数据。

【变量】：用于选择一个尺寸标注，自动在文本窗口显示有关数据。

【应用】：将所选择的标注样式应用到被选择的标注对象上。

7.6 上机实践

7.6.1 练习

练习1：进行绘图环境的基本设置。

练习2：创建绘制工程图中常用的"直线"和"圆引出与角度"两种基础标注样式。练习"设置当前"标注样式、"代替"标注样式及"修改"标注样式。

练习3：按教材所述，依次操作"标注"工具栏上每个标注尺寸的命令。

练习4：按教材所述练习：

用 DIMEDIT 命令修改尺寸数字的内容；

用 DIMTEDIT 命令调整尺寸数字的放置位置；

用 DIMUPDATE 命令修改某些尺寸的标注样式为当前标注样式；

用 PROPERTIES "特性"命令中的"按字母"选项卡全方位修改尺寸。

7.6.2 练习

练习5：用 OPEN 命令打开"轴承座"和"挡土墙"图形文件(图 7-54)，并进行尺寸标注。

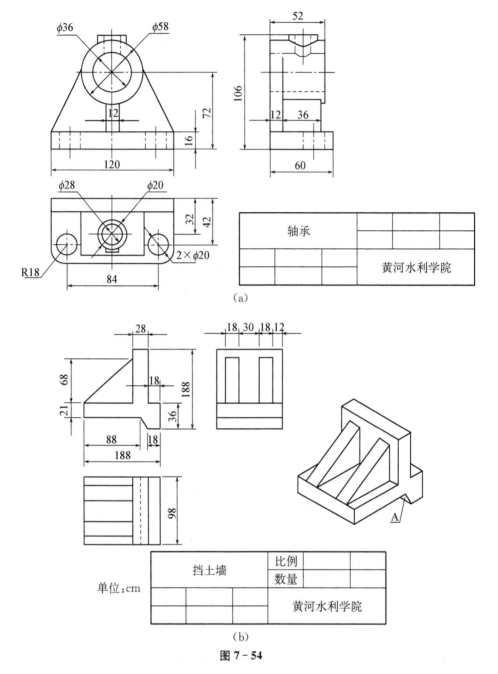

图 7-54

练习5指导：

(1) 用右键菜单将【尺寸标注】工具栏弹出放在绘图区下方。

(2) 创建【直线】和【圆引出与角度】两种基础标注样式。

(3) 在状态栏上打开【极轴】、【对象捕捉】、【对象追踪】绘图模式开关。

(4) 在【标注】工具栏的样式列表中设"直线"标注样式为当前样式。

(5) 用【标注】工具栏中的▯、▯、▯命令标注直线尺寸。需要时用▯命令弹出"特性"对话框修改尺寸的起至符号,用▯命令调整不合适的尺寸数字位置。

(6) 设【圆引出与角度】标注样式为当前样式。

(7) 用【标注】工具栏中的 ◎、◎ 命令标注圆和圆弧尺寸。

(8) 检查、修正,完成尺寸标注。

注意:修改尺寸标注时,如果是标注样式的设置问题,不要一个一个地修改,只需修改该标注样式。修改了该标注样式,即可将该标注样式所标注的尺寸全部修正。

(9) 用 MOVE ✥ 命令移动图形,使布图匀称。

(10) 用 QSAVE 🖫 命令存盘(绘图中应间隔一段时间进行存盘,防止因停电等事故造成丢失)。

7.6.3 练习

练习6:按下图所示,标注"挡土墙"正等轴测图的尺寸。

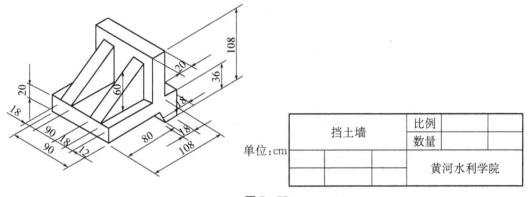

图 7-55

练习6指导:

(1) 用 OPEN 📂 命令打开"挡土墙"图形文件。

(2) 用 SAVEAS 命令将"挡土墙"图形文件另存为"挡土墙轴测图"图形文件。

(3) 擦去"挡土墙轴测图"图形文件中的三视图,并将轴测图移至图框中部。

(4) 在状态栏上打开【极轴】、【对象捕捉】、【对象追踪】模式开关。

(5) 在【标注】工具栏的样式列表中设【直线】标注样式为当前样式。

(6) 用【标注】工具栏中的 ⟋ 按钮,标注"108"、"80"等长度尺寸,然后用 A 按钮中的"倾斜"选项,输入倾斜角度"-30",将长度尺寸旋转到图示位置。

(7) 用【标注】工具栏中的 ⟋ 按钮,标注"90"、"12"等宽度尺寸,然后用 A 按钮中的【倾斜】选项,输入倾斜角度"30",将宽度尺寸旋转到图示位置。

(8) 用【标注】工具栏中的 ⟋ 按钮标注"108"、"36"等高度尺寸,然后用 A 按钮中的【倾斜】选项,输入倾斜角度"90",将高度尺寸旋转到图示位置。

(9) 用【标注】工具栏中的 ⟋ 按钮调整不合适的尺寸数字位置。

(10) 用 QSAVE 🖫 命令存盘(绘图中应经常存盘)。

习 题

习题 7-1　抄画下列物体的视图并标注尺寸,赋名 7-1(a)和 7-1(b)并存盘(图 7-56、图 7-57)。

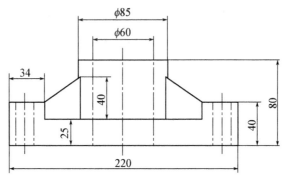

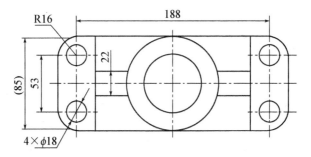

图 7-56　习题 7-1 图 7-1(a)

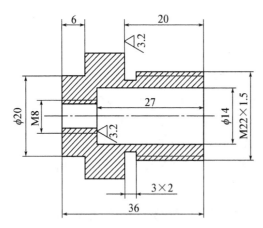
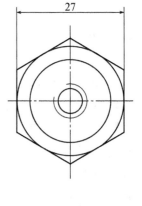

图 7-57　习题 7-1 图 7-1(b)

习题 7-2 抄画起重螺杆的零件图,赋名"7-2 起重螺杆"并存盘(图 7-58)。

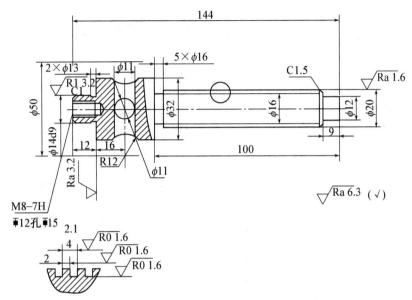

图 7-58 习题 7-2 图

第 8 章　三维模型的建立

三维实体(Solids)是一种包含质量特性的对象,其图形通常用于工程中的结构设计,因为使用它可以很容易地建立起各种视角的投影视图,以及三维剖面图,并能观察机械零部件的外观与计算质量特性。如图 8-1 所示是一个正在绘制的机械零部件二维三视图,由它产生的三维实体对象,可在一个特定观察角度看到此零部件的内部结构,如图 8-2 所示。

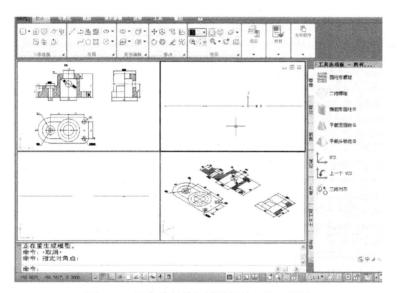

图 8-1　正在绘制的机械零部件二维三视图

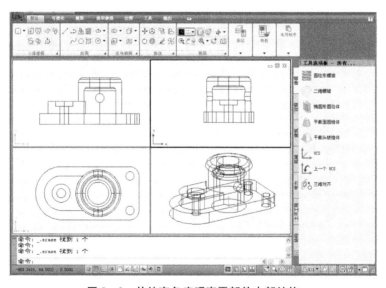

图 8-2　从特定角度观察零部件内部结构

8.1 模型空间和图纸空间

AutoCAD 2013 为用户提供了两个工作空间：模型空间与图纸空间。AutoCAD 的操作就是在这两个空间中进行的。

1. 模型空间

创建工程模型的空间。无论二维还是三维图形的绘制和编辑工作，都是在模型空间下进行的，绘图空间不受限制。用户的工作就是在模型空间中绘制和修改图形，完成绘图。模型空间是完成绘图和设计工作的工作空间。使用在模型空间中建立的模型可以完成二维或三维物体的造型，并且可以根据需求用多个二维或三维视图来表示物体，同时配有必要的尺寸标注和注释等来完成所需要的全部绘图工作。在模型空间中，用户可以创建多个不重叠的(平铺)视口以展示图形的不同视图。

2. 图纸空间

侧重于图纸的输出布局工作。在图纸空间中几乎不绘制和编辑图形，在此空间中绘制的图元对象，在模型空间中是不可见的。【布局】是图纸空间的环境，它模拟了图纸页面，所以贴近实际绘图过程。用户可以应用 LAYOUT 命令方便地在图纸空间创建多张新的布局【图纸】，并在新创建的布局【图纸】上对多个视口的大小位置进行布置。所以对于创建多视口的绘图方法，在图纸空间对视图进行布局是必不可少的，否则创建的视图大小、位置就无法调整，也无法在一张图纸上输出。

创建了布局，用户就可以方便地在浮动模型空间设置给定的绘图比例，然后，就不用考虑输出比例，只要按实际尺寸 1∶1 进行绘图。

3. 模型空间与布局空间的切换

在绘图区域的下方有【模型】、【布局 1】、【快速查看布局】和【快速查看图形】等四个按钮，如图 8-3。单击【模型】和【布局 1】两个按钮可以将工作环境在模型空间和布局空间中切换。也可以点击【快速查看布局】按钮，弹出如图 8-4 所示【快速查看布局】悬浮窗，点击相应的悬浮窗窗口，即可切换到相应模型空间。

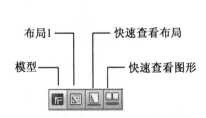

图 8-3 【布局/模型】、【快速查看布局】及【快速查看图形】按钮

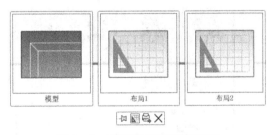

图 8-4 【快速查看布局】悬浮窗

8.2 创建与管理视口

视口是显示用户模型的不同视图的区域,使用【模型】选项卡可以将绘图区域拆分成一个或多个相邻的矩形视图,一个视图称为模型空间视口。在大型或复杂的图形中显示不同的视图可以缩短在单一视图中缩放或平移的时间,而且在一个视图中出现的错误可能会在其他视图中表现出来。

1. 模型空间视口的特点

(1) 在【模型】选项卡上创建的视口充满整个绘图区域并且相互之间不重叠。

(2) 在一个视口中作出修改后,其他视口也会立即更新。

(3) 输出图形时,一次只能输出当前(激活)窗口中的视图,即不能同时输出多个视口中的视图。

【模型】选项卡提供了一个无限的绘图区域,称为模型空间。在模型空间中,可以绘制、查看和编辑模型。

【视口】与【视图】是 AutoCAD 中的两中不同对象。为了绘制与观察三维图形,可将 AutoCAD 的绘图区域划分成多个窗口,一个窗口就是一个视口,每一个视口都可以设置自己的三维观察方向,从而形成一个视图。设置视口的方法如下:

在功能区的【视图】面板中单击【视觉样式】下拉按钮,在【视觉样式】下拉列表中选择【概念】,如图 8-5 所示。

使用【概念】视觉样式,可让屏幕上显示的三维图形自动应用阴影与透视投影,其坐标系图标还将用不同的颜色显示各坐标轴;红色表示 X 轴、蓝色为 Z 轴、绿色为 Y 轴。同时,视口中还将显示一个指南针图标与显示为正方体的模型,它们被称为 ViewCube,用于动态改变三维观察方向查看三维图形,如图 8-6 所示。

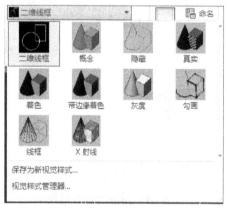

图 8-5 设置【视觉样式】

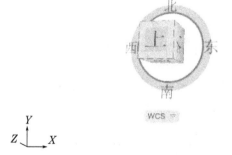

图 8-6 ViewCube

从菜单浏览器中选择【视图】菜单,单击【视口】菜单组,选择【四个视口】命令,如图 8-7 所示。进入菜单浏览器可通过单击屏幕左上角处的图标。

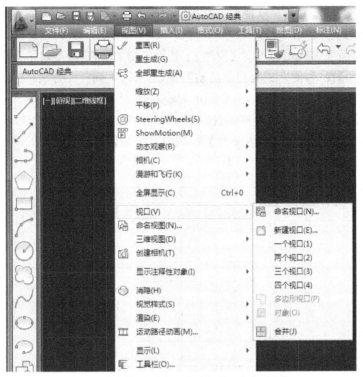

图 8-7 在菜单浏览器中选择【四个窗口】选项

AutoCAD 会在命令行提示：

命令：_-vports

输入选项[保存(S)/恢复(R)/删除(D)/合并(J)/单一(SI)/? /2/3/4]<3>:_4

说明上述操作已执行了 VPORTS 命令，并使用了该命令提示行中的 4 选项，其结果将设置四个视口配置方案，如图 8-8 所示。屏幕上所显示的四个视口将分别用于设置这些视

图 8-8 以四视口显示

图:主视图、俯视图以及三维观察视图。这里的三维观察视图可用于在三维图形期间观看操作结果,或者帮助用户完成定位坐标点的操作。

利用【视角】命令 VPOINT 或者【视图】工具栏的相关按钮,改变各个视口的观察点。

单击【左上角】视口,使之成为当前活动窗口,可采用下列任一方法:

(1) 从命令行输入:VPOINT,命令提示与输入略。

(2) 单击【视图】工具栏的【左视图】按钮 左视 即可。

依照同样的步骤,分别设置【左下角】视口和【右下角】视口为俯视图和西南等轴测视图。调整结果如图 8-9 所示。

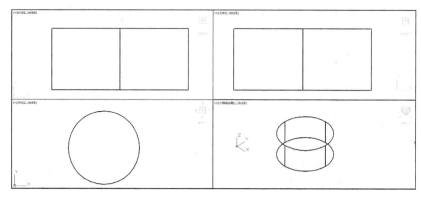

图 8-9　分别在各视口设置观察点

8.3　三维视点设置

在三维空间绘制三维模型时,需要使用观察三维视图工具,从各种视觉角度观察三维模型,以便清楚地检查生成的模型是否正确,是否达到显示实体的最佳创建效果。

AutoCAD 用视点来确定观察三维空间中三维图形的位置,默认情况下,沿 Z 轴方向观察,图形没有立体感,通过确定视点,可以改变观察三维模型的角度。AutoCAD 提供了多种设置视点的方法,最常用的有:

8.3.1　设置视点

在菜单浏览器中选择【视图】→【三维视图】→【视点】选项,或者直接在命令行输入 VPOINT,然后按两次 Enter 键。用上述任意一种方法完成操作后在命令行会出现:

指定视点或[旋转(R)]<显示指南针和三轴架>:

此时,屏幕上出现动态坐标(三轴架)和指南针(坐标球),用鼠标调整并指定视点,显示图形如图 8-10 所示。

动态坐标的三个轴分别代表 X,Y,Z 轴的正方向。当光标在坐标球范围内移动时,三维坐标系通过绕 Z 轴旋转可调整 X,Y 轴的方向。坐标球的中心及两个同心圆可定义视点和目标点连线与 X,Y,Z 平面的角度。坐标球的中心可理解为地球的北极,小圆代表地球的赤道,大圆表示地球的南极。

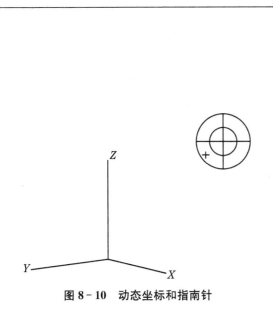

图 8-10 动态坐标和指南针

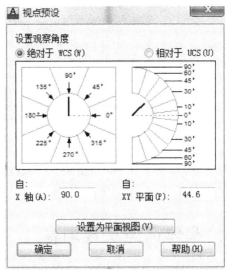

图 8-11 【视点预设】对话框

8.3.2 预设视点

在菜单浏览器中选择【视图】→【三维视图】→【视点预设】选项,或者直接在命令行输入 DDVPOINT,然后按两次回车键。用上述任意一种方法完成操作后会出现如图 8-11 所示的【视点预设】对话框。

在【视点预设】对话框中,左边的罗盘图形用于控制观察方向的角度,决定从东、西、南、北哪个方向观察,右边的图形用于控制观察点的仰角,决定仰角或俯角。假定从东南斜上方观察形体,将左边图形的方向指针调整到东南方向(右下角),将右边图形的方向指针调整到水平线以上(水平线为一条虚线)。

选中对话框上方的【绝对于 UCS】单选按钮,表示指定的观察方向绝对于世界坐标系;选中对话框上方的【相对于 UCS】单选按钮,表示指定的观察方向相对于用户坐标系。

8.3.3 设置平面视图

平面视图是从 Z 轴正方向垂直向下观察模型的一种方法,此时的观察方向垂直指向 XY 平面,X 轴指向右、Y 轴指向上。选取的平面可以是基于当前的用户坐标系、以前保存的用户坐标系或世界坐标系,且平面视图仅影响当前视口中的视图。

设置平面视图操作方法如下:

在菜单浏览器中选择【视图】→【三维视图】→【平面视图】选项(图 8-12),或者直接在命令行输入 PLAN,然后按 Enter 键。这时将会有三个选项可供选择:【当前 UCS】、【世界 UCS】、【命名 UCS】。若选择【当前 UCS】创建平面图形,则平面视图是默认向 XY 平面投影的视图,如图 8-13 所示。

图 8-12 在菜单浏览器中选择
【平面视图】选项

图 8-13 以【当前 UCS】创建平面图形

8.4 实体造型及其编辑

8.4.1 实体造型

AutoCAD 能生成长方体、球体、圆柱体、圆锥体、楔形体、圆环体等基本立体。

1. 创建长方体及圆柱体

（1）创建长方体

单击状态栏上的 按钮，弹出快捷菜单，选择【三维建模】命令，切换到三维建模空间。如图 8-14。

打开视图面板上的【视图控制】下拉列表，选择【东南等轴测】选项（如图 8-15），切换到东南等轴测视图，然后通过该面板上的【视觉样式】下拉列表设定当前模型的显示方式为【二维线框】，如图 8-16 所示。

图 8-14 切换到三维建模空间

图 8-15 【视图控制】下拉列表

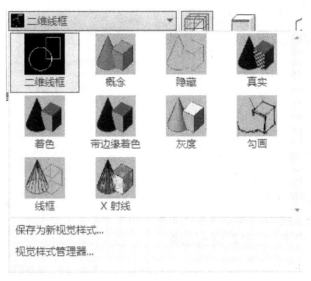

图 8-16 【视觉样式】下拉列表

单击三维建模面板上的 按钮(如图 8-17 所示),AutoCAD 提示:

命令:_box
指定第一个角点或[中心(C)]:
此时指定长方体角点 A。
指定其他角点或[立方体(C)/长度(L)]:@100,300,500
然后输入另一角点 B 的相对坐标。即可创建一个边长分别为 100,300 和 500 的长方体。如图 8-18 所示。

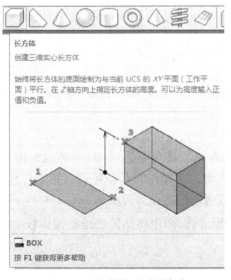

图 8-17 选择【长方体】命令

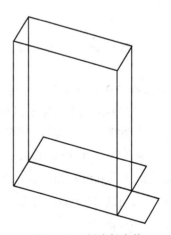

图 8-18 创建长方体

(2) 创建圆柱体

单击功能区三维建模面板上的 圆柱体▼ 按钮,如图 8-19。AutoCAD 提示:

命令:_cylinder

指定底面的中心点或[三点(3P)/两点(2P)/切点、切点、半径(T)/椭圆(E)]:

此时需指定圆柱体底圆的圆心点。

指定底面半径或[直径(D)]:100

该步为输入圆柱体半径。

指定高度或[两点(2P)/轴端点(A)]:500

输入圆柱体高度 500。即可得到如图 8-20 所示圆柱体。

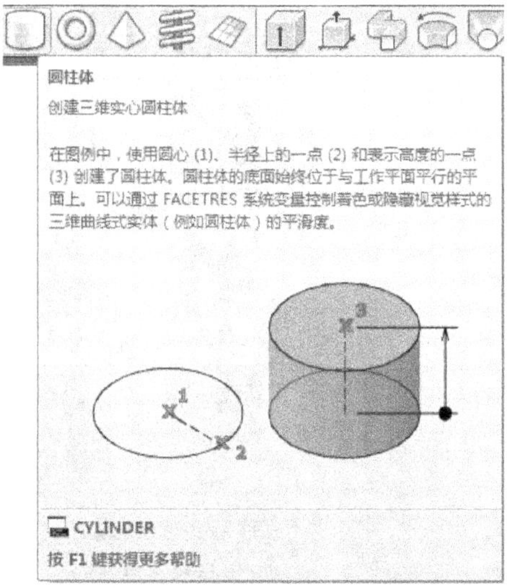

改变实体表面网格线的密度。

直接在命令行输入 ISOLINES。

命令:ISOLINES

输入 ISOLINES 的新值<4>:50

然后在菜单浏览器中选择【视图】→【重生成】,重新生成模型,实体表面网格线变得更加紧密,如图 8-21。

图 8-19 选择【圆柱体】命令

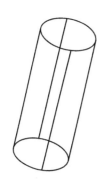
图 8-20 创建圆柱体

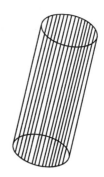
图 8-21 更改实体表面网格线密度

2. 将二维对象拉伸成实体或曲面

在 AutoCAD 中可以使用 EXTRUDE 命令将二维对象生成 3D 实体或曲面,如果拉伸的对象是闭合曲线将生成实体,否则将生成曲面。在操作的时候还可以指定拉伸的高度值以及拉伸对象的锥角,还可以沿某一条直线或者曲线路径进行拉伸。

用多边形工具和绘制如图 8-22 的五边形和圆,单击功能区三维建模面板上的 按钮(如图 8-23),启动 EXTRUDE 命令。

命令:_extrude

选择要拉伸的对象:找到一个

这里选择五边形。

选择要拉伸的对象:找到一个,总计两个。

这里选择圆并单击鼠标右键。

选择要拉伸的对象:

按 Enter 键。

指定拉伸的高度或[方向(D)/路径(P)/倾斜角(T)]<500>:500

输入拉伸高度,即可完成如图 8-24 的模型。

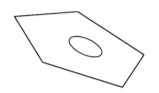  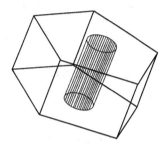

图 8-22 绘制五边形和圆　　图 8-23 选择【拉伸】命令　　图 8-24 拉伸出实体

如果拉伸的对象是不封闭图形,经过拉伸后将生成曲面。如用样条曲线工具绘制如图 8-25 曲线,单击功能区三维建模面板上的 按钮,启动 EXTRUDE 命令。

命令:_extrude

选择要拉伸的对象:找到一个

这里选择曲线。

选择要拉伸的对象:

按 Enter 键。

指定拉伸的高度或[方向(D)/路径(P)/倾斜角(T)]<500>:500

输入拉伸高度,即可完成如图 8-26 的曲面模型。

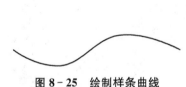 

图 8-25 绘制样条曲线　　　　图 8-26 拉伸成曲面

EXTRUDE 命令各选项的功能如下:

指定拉伸的高度:如果输入正的拉伸高度,则使对象沿 Z 轴正向拉伸。若输入负值,则沿 Z 轴负向拉伸。当对象不在坐标系 XY 平面内时,将沿该对象所在平面的法线方向拉伸对象。

方向(D):指定两点,两点的连线表明了拉伸的方向和距离。

路径(P):沿指定路径拉伸对象以形成实体或曲面。拉伸时,路径被移动到轮廓的形心位置。路径不能与拉伸对象在同一个平面内,也不能具有较大曲率的区域,否则有可能在拉伸过程中产生自相交情况。

倾斜角(T):当 AutoCAD 提示【指定拉伸的倾斜角度<0>:】时,输入正的拉伸倾角表示从基准对象逐渐变细地拉伸,而负角度值则表示从基准对象逐渐变粗地拉伸。要注意拉伸斜角不能太大,否则拉伸实体截面在到达拉伸高度前已经变成一个点,AutoCAD将提示不能进行拉伸。

3. 旋转二维对象形成实体或曲面

REVOLVE命令可用于旋转二维对象生成3D实体,如果二维对象是闭合的,可以生成实体,否则将生成曲面。用户可以通过选择直线、指定两点或X,Y轴来确定旋转轴。

REVOLVE命令可以旋转以下二维对象:

(1) 直线、圆弧和椭圆弧。

(2) 二维多段线和二维样条曲线。

(3) 面域和实体上的平面。

如用REVOLVE命令创建实体。首先以圆工具画一直径为100的圆,并在距圆心500处绘制一线段,如图8-27。

单击功能区三维建模面板上的按钮,启动REVOLVE命令。

选择要旋转的对象:

这里选择所画的圆。

指定轴起点或根据以下选项之一定义轴[对象(O)/X/Y/Z]<对象>:O

选择对象:

这里选择所画的线段。

指定旋转角度或[起点角度(ST)]<360>:

这里需要输入旋转角度,由于要旋转360度,故按回车键确定。

至此,即可完成如图8-28的圆环实体。

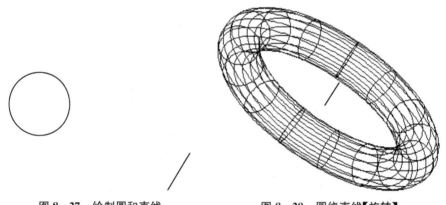

图8-27 绘制圆和直线　　图8-28 圆绕直线【旋转】

4. 通过扫掠创建实体或曲面

SWEEP命令用于将平面轮廓沿二维或三维路径进行扫掠形成实体或曲面,若二维轮廓是闭合的,则生成实体,否则生成曲面。扫掠时,轮廓一般会被移动并被调整到与路径垂直的方向。默认情况下,轮廓形心将与路径起始点对齐,但也可指定轮廓的其他点作为扫掠对齐点。

首先绘制如图8-29所示六边形截面,再利用PLINE命令绘制如图多段线,然后用SWEEP命令将面域沿路径扫掠。

单击功能区三维建模面板上的 按钮,启动 SWEEP 命令。

命令:_sweep

选择要扫掠的对象:找到 1 个

这里选择所绘制的六边形截面。

选择要扫掠的对象:

点击鼠标右键。

选择扫掠路径或[对齐(A)/基点(B)/比例(S)/扭曲(T)]:

这里选择所绘制的 L 形的多段线。

结果如图 8-30 所示。

图 8-29 绘制截面和路径

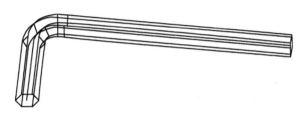

图 8-30 沿路径扫描后结果

SWEEP 命令各选项的功能如下:

对齐(A):指定是否将轮廓调整到与路径垂直的方向或者保持原有方向。默认情况下,AutoCAD 将使轮廓与路径垂直。

基点(B):指定扫掠时的基点,该点将与路径起始点对齐。

比例(S):路径起始点处轮廓缩放比例为 1,路径结束处缩放比例为输入值,中间轮廓沿路径连续变化。与选择点靠近的路径端点是路径的起始点。

扭曲(T):设定轮廓沿路径扫掠时的扭转角度,角度值小于 360°。该选项包含【倾斜】子选项,可使轮廓随三维路径自然倾斜。

8.4.2 编辑三维实体

使用建模工具只能绘制出一些基本实体,如果想要创建出更为复杂的三维实体,可以使用编辑工具和修改工具对实体进行编辑和修改,达到创建复杂形体的目的。

1. 布尔运算

在编辑复杂三维模型的过程中,始终应用布尔运算功能,通过布尔运算确定多个基本实体之间的组合关系,将多个形体组合成为一个形体。同时,可创建机械零件中的孔、槽、凸台、轮齿等特殊造型。

(1) 并集运算

并集运算是将两个或两个以上的实体(或面域)对象组合成为一个新的组合对象,类似于数学中的加法运算。执行并集操作后,各实体对象相互重合的部分合为一体。

首先绘制如图 8-31 所示的圆柱体和长方体,可在功能区的实体编辑面板中选择并集命令⑩,如图 8-32 所示。

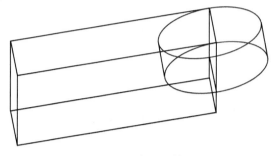

图 8-31 布尔运算前

图 8-32 布尔运算命令

命令:_union
选择对象:找到 1 个
选择图中长方体。
选择对象:找到 1 个,总计 2 个
选择图中圆柱体。
选择对象:
按 Enter 键确认。即可完成如图 8-33 所示的圆柱体与长方体的并集运算。

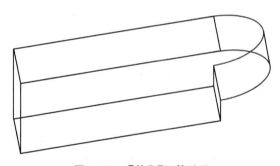

图 8-33 【并集】运算结果

(2) 差集运算

差集运算是从一个对象中减去另一个对象,形成新的组合对象,类似于数学中的减法运算。如果第二个对象包含在第一个对象内,则差集运算的结果是第一个对象减去第二个对象。图 8-31 中的长方体和圆柱体经过差集运算后可以得到图 8-34 结果。具体步骤如下:

在功能区点击实体编辑面板中⑩按钮,选择差集命令。

命令:_subtract
选择要从中减去的实体或面域…
选择对象:找到 1 个
这里需要选择被减去的实体,选择图中长方体。

选择对象：

按 Enter 键。

选择要减去的实体或面域：

这里选择圆柱体作为减去的实体，即图 8-31 中的圆柱体。

选择对象：找到 1 个

按 Enter 键。

选择对象：

即可完成如图所示实体模型。

(3) 交集运算

交集运算是求两个对象的共有部分，去除其余部分，形成新的组合对象。执行交集运算时，选取的交集对象不分先后顺序。图 8-35 为长方体和圆柱体的交集运算结果。具体步骤如下：

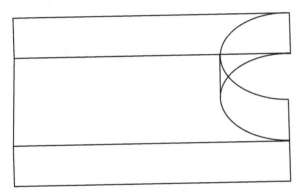
图 8-34 【差集】运算结果

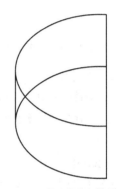
图 8-35 【交集】运算结果

在[实体编辑]面板中点击 ⬤ 按钮，选择交集命令。

命令：_intersect

选择对象：找到 1 个

选择第一个求交集的对象，这里选择长方体。

选择对象：找到 1 个，总计 2 个

选择第二个求交集的对象，这里选择圆柱体。

选择对象：

按 Enter 键。即可完成如图 8-35 所示交集运算。

2. 编辑三维实体

编辑三维实体时，可以使用二维编辑工具，也可以使用三维实体编辑工具，如三维阵列、三维旋转、三维镜像、三维对齐等，使用方法和二维编辑工具相似。

(1) 三维实体圆角

绘制一个圆柱体，在其一端添加圆角，其操作如下：

在功能区的修改面板中点击 ⬜ 按钮，选择圆角命令，如图 8-36。

命令：_fillet

当前设置：模式=修剪，半径=20.000 0

选择第一个对象或[放弃(U)/多段线(P)/半径(R)/修剪(T)/多个(M)]:
在此选择圆柱体一端的边线。
输入圆角半径<20.000 0>:20
输入半径 20。
选择边或[链(C)/半径(R)]:
按 Enter 键。已选定 1 个边用于圆角。完成如图 8-37 所示圆角。

图 8-36 选择圆角命令

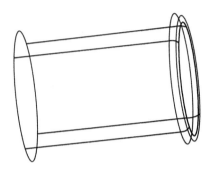

图 8-37 为圆柱体添加圆角

(2) 三维实体倒角

绘制一个圆柱体,在其一端添加倒角,其操作如下:

在功能区的修改面板中点击 按钮(该按钮位于圆角命令按钮下方,如图 8-36),选择倒角命令。

命令:_chamfer

(【修剪】模式)当前倒角距离 1=0.000 0,距离 2=0.000 0

选择第一条直线或[放弃(U)/多段线(P)/距离(D)/角度(A)/修剪(T)/方式(E)/多个(M)]:

在此选取圆柱体的一端边线。

基面选择…

边线所在端面高亮显示,作为倒角基面。

输入曲面选择选项[下一个(N)/当前(OK)]<当前(OK)>:OK

按 Enter 键。

指定基面的倒角距离:20

在此输入基面到倒角的距离 20。

指定其他曲面的倒角距离<20.000 0>:20

输入另一个面到倒角的距离 20。

选择边或[环(L)]:

选择圆柱体一端边线。按回车键即可完成如图 8-38 所示倒角。

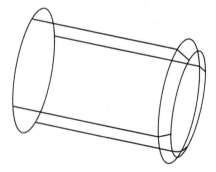

图 8-38 为圆柱体添加倒角

(3) 拉伸面

AutoCAD 可以根据指定的距离拉伸面或将面沿某条路径进行拉伸。拉伸时,如果是输入拉伸距离值，那么还可输入锥角，这样将使拉伸所形成的实体锥化。图8-39所示是将实体(图8-40)表面按指定的距离、锥角及路径进行拉伸的结果。

图8-39 按指定的距离、锥角进行拉伸

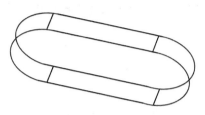
图8-40 拉伸实体

绘制如图8-39所示拉伸，其操作如下：

用圆工具和直线工具绘制如图8-41所示图形，并使用拉伸命令，将其拉伸成深度为300的实体。

在功能区的实体编辑面板中点击 按钮，启动拉伸面命令：

命令：_solidedit

实体编辑自动检查：SOLIDCHECK=1

输入实体编辑选项[面(F)/边(E)/体(B)/放弃(U)/退出(X)]<退出>：_face

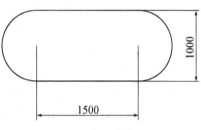
图8-41 拉伸实体的二维图形

输入面编辑选项。

[拉伸(E)/移动(M)/旋转(R)/偏移(O)/倾斜(T)/删除(D)/复制(C)/颜色(L)/材质(A)/放弃(U)/退出(X)]<退出>：

命令：_extrude

选择面或[放弃(U)/删除(R)]：找到一个面

选择要拉伸的面，这里选择实体的上表面。

选择面或[放弃(U)/删除(R)/全部(ALL)]：

按Enter键。

指定拉伸高度或[路径(P)]：300

在此输入拉伸的高度。

指定拉伸的倾斜角度<30>：

输入拉伸的倾斜角度。

按Enter键完成造型。

【拉伸面】常用选项功能如下。

指定拉伸高度：输入拉伸距离及锥角来拉伸面。对于每个面规定其外法线方向是正方向，当输入的拉伸距离是正值时，面将沿其外法线方向拉伸，否则，将向相反方向拉伸。在指定拉伸距离后，AutoCAD会提示输入锥角，若输入正的锥角值，则将使面向实体内部锥化，否则，将使面向实体外部锥化，如图8-42所示。

路径(P)：沿着一条指定的路径拉伸实体表面(如

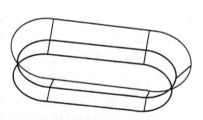
图8-42 拉伸角度为负角

图 8-43,8-44)。拉伸路径可以是直线、圆弧、多段线及 2D 样条线等,作为路径的对象不能与要拉伸的表面共面,也应避免路径曲线的某些局部区域有较高的曲率,否则,可能使新形成的实体在路径曲率较高处出现自相交的情况,从而导致拉伸失败。

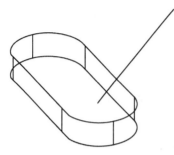 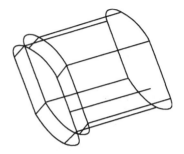

图 8-43　绘制拉伸路径　　　　图 8-44　沿路径进行拉伸

(4) 旋转面

通过旋转实体的表面就可改变面的倾斜角度,如图 8-45 所示,将 a 面的倾斜角修改为 120°。在旋转面时,可通过拾取两点、选择某条直线或设定旋转轴平行于坐标轴等方法来指定旋转轴,另外,应注意确定旋转轴的正方向。

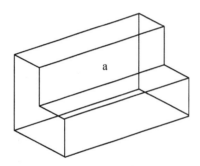 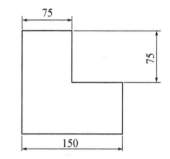

图 8-45　绘制实体图形　　　　图 8-46　绘制实体图形的二维图形

绘制如图 8-46 所示图形,并生成面域,对其进行拉伸,生成模型如图 8-45 所示。在功能区的实体编辑面板中点击 按钮,如图 8-47 所示,启动旋转面命令:

命令:_solidedit

实体编辑自动检查:SOLIDCHECK=1

输入实体编辑选项[面(F)/边(E)/体(B)/放弃(U)/退出(X)]<退出>:_face

输入面编辑选项。

[拉伸(E)/移动(M)/旋转(R)/偏移(O)/倾斜(T)/删除(D)/复制(C)/颜色(L)/材质(A)/放弃(U)/退出(X)]<退出>:

命令:_rotate

选择面或[放弃(U)/删除(R)]:(找到一个面)

在此选择如图所示 a 面。

选择面或[放弃(U)/删除(R)/全部(ALL)]:

指定轴点或[经过对象的轴(A)/视图(V)/X 轴(X)/Y 轴(Y)/Z 轴(Z)]<两点>:

选择如图 8-48 所示 A 点。

在旋转轴上指定第二个点：
选择如图 8-48 所示 B 点。
指定旋转角度或[参照(R)]：
需要有效的数值角度、第二点或选项关键字。输入旋转角度-30。
指定旋转角度或[参照(R)]：-30
按 Enter 键完成造型，如图 8-49 所示。

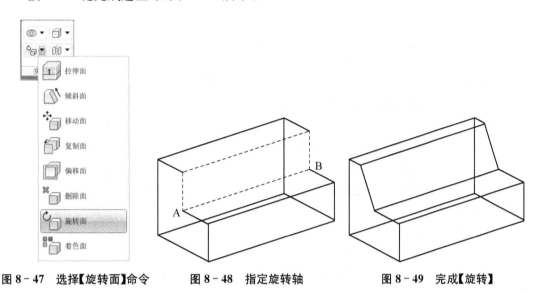

图 8-47　选择【旋转面】命令　　图 8-48　指定旋转轴　　图 8-49　完成【旋转】

【旋转面】常用选项的功能如下：

【两点】：指定两点来确定旋转轴，轴的正方向是由第 1 个选择点指向第 2 个选择点。

【X 轴(X)/Y 轴(Y)Z 轴(Z)】：旋转轴平行于 X,Y 或 Z 轴，并通过拾取点。旋转轴的正方向与坐标轴的正方向一致。

（5）压印

压印(Imprin)可以把圆、直线、多段线、样条曲线、面域、实心体等对象压印到三维实体上，使其成为实体的一部分。用户必须使被压印的几何对象在实体表面内或与实体表面相交，压印操作才能成功。压印时，AutoCAD 将创建新的表面，该表面以被压印的几何图形及实体的棱边作为边界，用户可以对生成的新面进行拉伸和旋转等操作。如图 8-50 所示，将五边形压印在实体上，并将新生成的面向上拉伸，如图 8-51 所示。

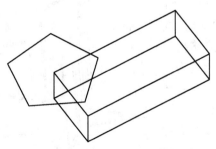 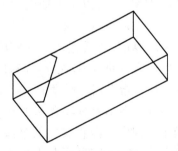

图 8-50　绘制长方体和五边形　　图 8-51　将五边形压印在实体上

其操作如下：

在功能区的实体编辑面板中点击按钮（如图 8-52），启动压印命令：

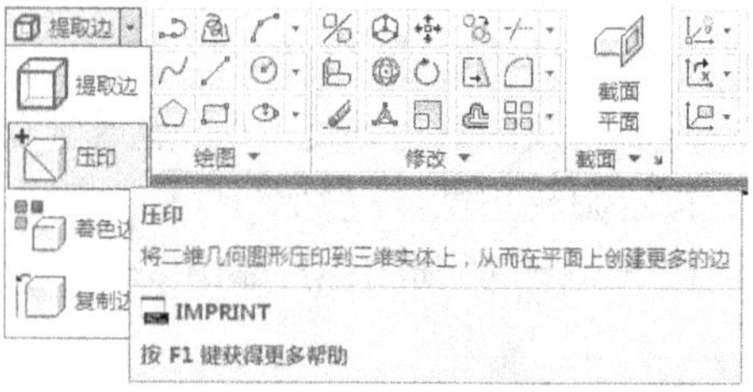

命令：_imprint

选择三维实体：

在这里选择图中长方体。

选择要压印的对象：

选择五边形二维图形。

是否删除源对象 [是(Y)/否(N)] <N>：Y

确定删除源对象，输入 Y。按 ENTER 键完成压印操作。

在功能区的实体编辑面板中点击按钮，启动拉伸面命令：

命令：_extrude

选择面或 [放弃(U)/删除(R)]：(找到一个面)

在图 8-53 中选择虚线区域。

选择面或 [放弃(U)/删除(R)/全部(ALL)]：

指定拉伸高度或 [路径(P)]：159

输入拉伸高度 159。

指定拉伸的倾斜角度 <330>：0

输入倾斜角度 0。按 ENTER 键，完成如图 8-54 所示造型。

图 8-52 选择【压印】按钮

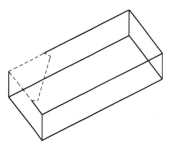

图 8-53 选择虚线区域

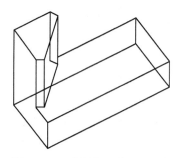

图 8-54 对所选区域进行拉伸

(6) 抽壳

在 AutoCAD 中可以利用抽壳的方法将一个实体模型生成一个空心的薄壳体。在使用抽壳功能时，要先指定壳体的厚度，然后把现有的实体表面偏移指定的厚度值以形成新的表面，这样，原来的实体就变为一个薄壳体。如果指定正的厚度值，AutoCAD 就在实体内部创建新面，否则，在实体的外部创建新面。另外，在抽壳操作过程中还能将实体的某些面去除，以形成开口的薄壳体，图 8-55 所示是把实体进行抽壳并去除其顶面的结果。

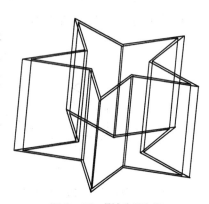

图 8-55 【抽壳】结果

绘制如图8-56五角星,将其转换成面域,并对其进行拉伸,形成如图8-57所示模型。

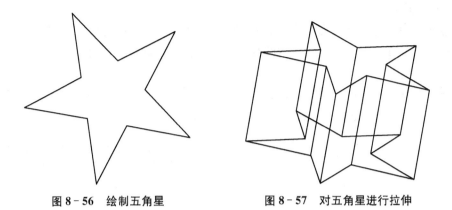

图8-56 绘制五角星　　　　　图8-57 对五角星进行拉伸

在功能区的实体编辑面板中点击按钮(如图8-58),启动抽壳命令:

图8-58 选择【抽壳】命令

命令:_solidedit
实体编辑自动检查:SOLIDCHECK=1
输入实体编辑选项[面(F)/边(E)/体(B)/放弃(U)/退出(X)]＜退出＞:_body
输入体编辑选项。
[压印(I)/分割实体(P)/抽壳(S)/清除(L)/检查(C)/放弃(U)/退出(X)]＜退出＞:_shell
选择三维实体:
在此选择该拉伸模型作为抽壳对象。
选择三维实体:
删除面或[放弃(U)/添加(A)/全部(ALL)]:(找到一个面,已删除1个)
选择拉伸实体的上表面作为移除表面。
删除面或[放弃(U)/添加(A)/全部(ALL)]:
按Enter键。
输入抽壳偏移距离:3

输入抽壳厚度,并按 Enter 键完成抽壳。

(7) 三维阵列

三维阵列命令是二维阵列命令的 3D 版本,通过此命令,用户可以在三维空间中创建对象的矩形或环形阵列。图 8-59 所示圆盘上的圆孔就可以通过三维阵列的方式创建。其过程如下:

绘制如图 8-60 圆盘,并在圆盘上绘制一圆,对其拉伸生成圆柱体实体,在功能区的修改面板中点击 按钮,如图 8-61 所示,启动三维阵列命令。

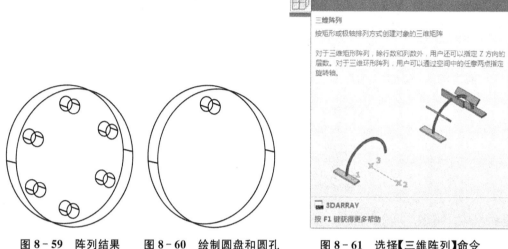

图 8-59 阵列结果　　图 8-60 绘制圆盘和圆孔　　图 8-61 选择【三维阵列】命令

命令:_3darray

选择对象:找到 1 个

在此选择要进行阵列的对象,选择圆盘上的圆柱体。

选择对象:

输入阵列类型[矩形(R)/环形(P)]<矩形>:P

选择阵列类型,这里选环形,输入 P。

输入阵列中的项目数目:6

输入阵列份数,输入 6。

指定要填充的角度(+=逆时针,-=顺时针)<360>:

输入阵列填充角度,默认为 360 度,故直接按回车键。

旋转阵列对象?[是(Y)/否(N)]<Y>:Y

选择是,Y。

指定阵列的中心点:

选择如图 8-62 所示的 A,B 点以确定阵列中心。

指定旋转轴上的第二点:

阵列完成后,使用差集运算,将阵列出来的六个圆柱体从圆盘上减去,即可得到如图 8-63 所示图形。

环形阵列时,旋转轴的正方向是从第一个指定点指向第二个指定点,沿该方向伸出大拇指,则其他四个手指的弯曲方向就是旋转角的正方向。

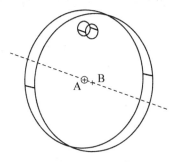
图8-62 选择阵列中心轴

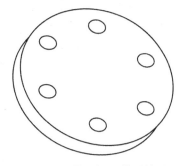
图8-63 【差集】运算后结果

还可以对三维对象做矩形阵列,其创建过程如下:

绘制如图8-64所示图形,将其转化成面域并进行拉伸操作,在其上绘制一直径为12的圆(与圆角同心),并对圆进行拉伸生成实体如图8-65。在功能区的修改面板中点击按钮,启动三维阵列命令:

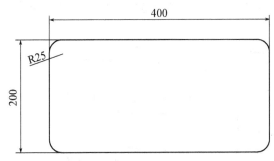
图8-64 绘制方板的二维图形

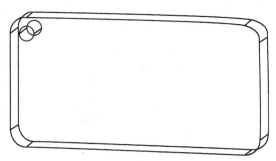
图8-65 绘制方板和圆柱体

命令:_3darray
选择对象:找到1个
在此选择要阵列的对象,这里选择圆柱体。
选择对象:
输入阵列类型[矩形(R)/环形(P)]<矩形>:R
选择矩形阵列,输入R。
输入行数(—)<1>:2
输入行数2。
输入列数(|||)<1>:2
输入列数2。
输入层数(…)<1>:1
输入层数1。
指定行间距(—):-150
输入行间距-150。
指定列间距(|||):350

输入列间距 350。

完成如图 8-66 所示阵列,阵列完成后,使用差集运算,将阵列出来的四个圆柱体从底板上减去,即可得到如图 8-67 所示图形。

图 8-66 对圆柱体进行阵列

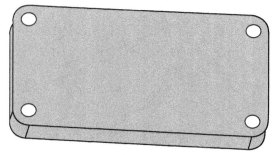
图 8-67 【差集】运算后的阵列结果

(8) 三维镜像

如果镜像线是当前坐标系 Y 平面内的直线,则使用常见的 MIRROR 命令就可对 3D 对象进行镜像复制。但若想以某个平面作为镜像平面来创建 3D 对象的镜像拷贝,就必须用 MIRROR3D 命令。如图 8-68 所示,把 A,B,C 点定义的平面作为镜像平面,可对实体进行镜像,如图 8-69。操作过程如下:

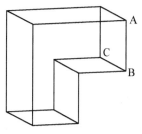
图 8-68 选择镜像面

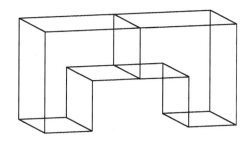
图 8-69 镜像后结果

按照图 8-70 绘制实体。在功能区的修改面板中点击 按钮,如图 8-71 所示,启动三维镜像命令。

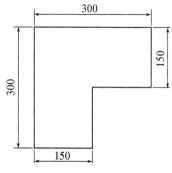
图 8-70 实体的二维图形

图 8-71 选择镜像命令

命令:_mirror3d

选择对象:找到 1 个

选择如图 8-68 实体。

选择对象:

按 Enter 键。

指定镜像平面(三点)的第一个点或[对象(O)/最近的(L)/Z轴(Z)/视图(V)/XY平面(XY)/YZ平面(YZ)/ZX平面(ZX)/三点(3)]<三点>:

在镜像平面上指定第二点:在镜像平面上指定第三点:

分别选择图 8-68 中 A,B,C 三个点以确定镜像平面。

是否删除源对象?[是(Y)/否(N)]<否>:N

选择不删除源对象,故输入 N。

MIRROR3D 命令有以下选项,利用这些选项就可以在三维空间中定义镜像平面。

【对象(O)】:以圆、圆弧、椭圆及 2D 多段线等二维对象所在的平面作为镜像平面。

【最近的(L)】:该选项指定上一次 MIRROR3D 命令的镜像平面为当前镜像面。

【Z轴(Z)】:在三维空间中指定两个点,镜像平面将垂直于两点的连线,并通过第 1 个选取点。

【视图(V)】:镜像平面平行于当前视区,并通过用户的拾取点。

【XY平面/YZ平面/ZX平面】:镜像平面平行于 XY,YZ 或 ZX 平面,并通过用户的拾取点。

8.5 着色、消隐及渲染

8.5.1 着色

为增加三维模型的明暗效果,使三维实体更具有真实性和立体感,更符合人们的视觉感受,常使用着色处理的方法对当前三维模型填充颜色,真实或概念显示三维模型。

着色的操作方法有:

(1) 在【菜单浏览器】中选择【格式】→【图层】选项,如图 8-72 所示。

(2) 单击功能区的【图层】面板中的【图层特性】按钮(图 8-73)。

图 8-72 【图层】面板

(3) 在命令行输入 LAYER,按 Enter 键。

图 8-73 【图层特性】窗口

用上述的任意一种方法,弹出如图 8-74 图层特性对话框。在对话框中,右键或左键单击要设置颜色的图层,弹出【选择颜色】对话框。在【选择颜色】对话框中,选择需要的颜色,单击【确定】按钮,图层颜色即变成所设定的颜色,如图 8-75 和 8-76 所示颜色改变前后对比。

图 8-74 【选择颜色】对话框

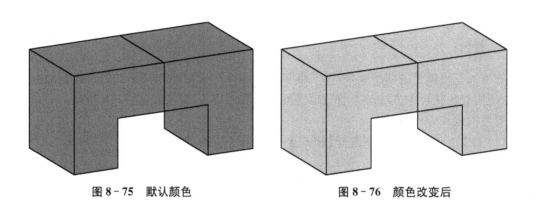

图 8-75 默认颜色　　　　　图 8-76 颜色改变后

8.5.2 消隐

消隐的主要功能是重新生成不显示隐藏线的三维模型,这是 AutoCAD 中显示模型效果的重要手段之一。通过消隐处理,可以清楚地观察模型的内外形状结构。

(1) 在菜单浏览器中选择【视图】→【消隐】选项
(2) 在命令行直接输入 HIDE 命令,按 Enter 键。

8.5.3 渲染

与线框图像或着色图像相比,渲染的图像使人更容易想象 3D 对象的形状与大小。渲染的对象也使设计者更容易表达其设计思想。例如,如果需要展示一个项目或设计,并不需要建立一个原型,可以使用渲染图像很清楚地说明设计者的设计思想,因为完全可以控制渲染图像的形状、大小、颜色和表面材质。除此以外,任何所需变化都可以与对象结合,且可以通过对其渲染来检查和显示这些改变的效果。因此,渲染是一个非常有效的交流想法与显示对象形状的工具。可以使用 AutoCAD 的 RENDER 命令建立 3D 对象的渲染图像。通过定义表面材质及其反射量,可以控制对象的外观,通过添加光线以获得所需效果。

渲染的基本操作可以采用以下命令:

(1) 在菜单浏览器中选择【视图】→【渲染】→【渲染】命令,如图 8-77 所示。

(2) 在功能区的【输出】标签中的【渲染】面板中选择【渲染】命令按钮,如图 8-78 所示。

(3) 直接在命令行输入:RENDER。

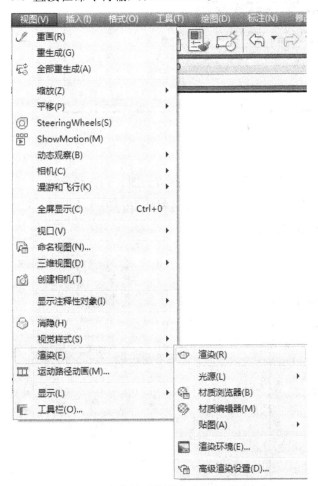

图 8-77 在菜单浏览器中选择【渲染】命令　　图 8-78 【渲染】面板

采用上述任一方法都会弹出如图 8-79 窗口,对当前模型进行渲染,待渲染完成后,即可得到图形。

简单的基本渲染是无法达到设计者所想要表达的设计意图的,还需要通过给对象附加材质以提高对象的真实感。在渲染环境中,材质描述对象如何反射或发射光线。在材质中,贴图可以模拟纹理、凹凸效果、反射或折射。如图 8-79 中的瓶子就是对三维图形附加了【瓷砖】材质渲染而得到的效果。

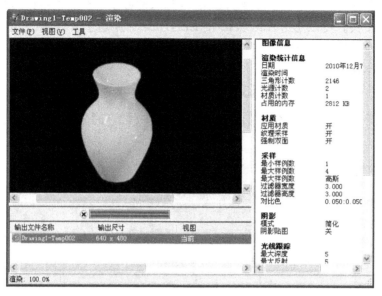

图 8-79 【渲染】窗口

附加材质的方法如下：
（1）在菜单浏览器中选择【视图】→【渲染】→【材质】命令，如图 8-80 所示。
（2）在功能区的【视图】标签中的【三维选项板】中点击【材质】按钮，如图 8-81 所示。
（3）直接在命令行输入：MATERIALS。

图 8-80 在菜单浏览器中选择【材质】命令

图 8-81 【三维选项】面板及【材质】窗口

采用以上任一方法,都可出现如图8-81所示的【材质】窗口。【材质】窗口由不同的面板部分组成,在该窗口可以应用和修改材质。

完成如图8-79所示的渲染效果方法如下:

首先使用样条曲线工具和直线工具绘制如图8-82所示图形,使用旋转工具将所示图形生成瓶状曲面,如图8-83所法,然后使用【实体编辑】面板中的【加厚】命令,为其定义一个厚度,生成瓶子的实体,如图8-84所示,并在视图面板中,把视觉样式改为【概念】,即可得到如图8-85所示模型。

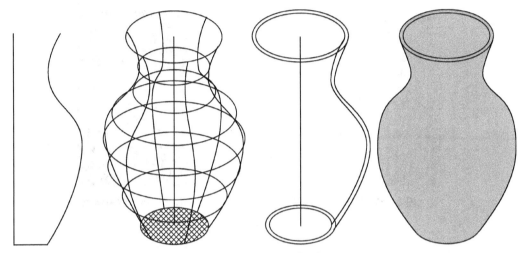

图8-82 绘制二维图　　图8-83 旋转成曲面　　图8-84 加厚成实体　　图8-85 更改视图样式

然后在菜单浏览器中选择【视图】→【渲染】→【材质】命令,弹出如图8-81所示【材质】窗口,在该窗口中将类型设置为【真实】,样板选项设置为【瓷砖,釉面】,反光度设置为90左右,折射设置为1.4左右。把【颜色】选项前的 随对象 上的钩去掉,并点击出现的颜色按钮，弹出如图8-86所示【选择颜色】对话框,在这里切换到【真色彩】标签中,拖动滑块将颜色调整至白色,然后点击确定,将实体的颜色设置为白色。并将【漫射贴图】、【不透明贴图】和【凹凸贴图】设置为【瓷砖】。最终设置结果如图8-87所示。

然后在菜单浏览器中选择【视图】→【渲染】→【渲染】命令。弹出如图8-79所示的【渲染】窗口,等渲染完成后,即可得到如图8-88所示的效果。

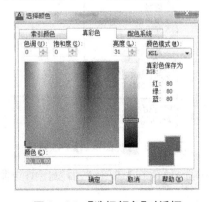

图8-86 【选择颜色】对话框

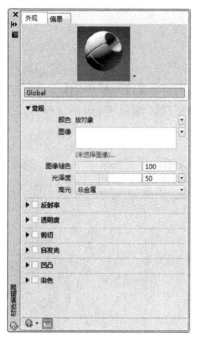

图 8-87 【材质】设置结果　　　　图 8-88 渲染结果

8.6 三维模型的动态显示

任何三维模型都可以从任意一个方向观察,【视图】面板上的【视图控制】下拉列表,如图 8-89 所示,提供了十种标准视点,通过这些视点就能获得 3D 对象的十种视图,如前视图、左视图、东南视图等。

图 8-89 【视图控制】下拉列表

从【视图控制】下拉列表中选择【前视】选项,然后发出消隐命令 HIDE,可得到三维模型的前视图。

从【视图控制】下拉列表中选择【左视】选项,然后发出消隐命令 HIDE,可得到三维模型的左视图。

从【视图控制】下拉列表中选择【东南等轴测】选项,然后发出消隐命令 HIDE,可得到三维模型的东南等轴测视图。

8.6.1 动态旋转

单击【视图】面板上的 按钮,启动三维动态旋转命令,此时用户可以通过单击并拖动鼠标指针的方法来改变观察方向,从而能够非常方便地获得不同方向的 3D 视图。使用此命令时,可以选择观察全部对象或模型中的一部分对象,系统将在被观察的对象周围形成一个辅助圆,该圆被四个小圆分成四等份。辅助圆的圆心是观察目标点,当拖动鼠标左键时,被观察对象的观察目标点静止不动,而视点绕着 3D 对象旋转,显示结果是视图在不断地转动。

3DFORBIT 命令启动后,AutoCAD 窗口中就会出现一个大圆和四个均布的小圆。当鼠标指针移到圆的不同位置时,其形状将发生变化,不同形状的指针表明了当前视图的旋转方向。

(1) 球形指针

鼠标指针位于辅助圆内时,就变为这种形状,此时可假想一个球体将目标对象包裹起来。单击并拖动鼠标指针,就使球体沿鼠标指针拖动的方向旋转,因而模型视图也就旋转起来。

(2) 圆形指针

移动鼠标指针到辅助圆外,鼠标指针就变为这种形状,按住鼠标左键并将鼠标指针沿辅助圆拖动,就使 3D 视图旋转,旋转轴垂直于屏幕并通过辅助圆心。

(3) 水平椭圆形指针

当把鼠标指针移动到左、右小圆的位置时,其形状就变为水平椭圆。单击鼠标左键并拖动鼠标指针可使视图绕着一个铅垂轴线转动,此旋转轴线经过辅助圆心。

(4) 竖直椭圆形指针

将鼠标指针移动到上、下两个小圆的位置时,就变为该形状。单击鼠标左键并拖动鼠标指针将使视图绕着一个水平轴线转动,此旋转轴线经过辅助圆心。

当 3DFORBIT 命令激活时,单击鼠标右键,弹出快捷菜单,如图 8-90 所示。

该菜单中命令的功能如下:

其他导航模式:对三维视图执行平移和缩放等操作。

缩放窗口:用矩形窗口选择要缩放的区域。

范围缩放:将所有 3D 对象构成的视图缩放到图形窗口的大小。

缩放上一个:动态旋转模型后再回到旋转前的状态。

平行模式:激活平行投影模式。

透视模式:激活透视投影模式,透视图与眼睛观察到的图像极为接近。

重置视图:将当前的视图恢复到激活 3DFORBIT 命令时的视图。

预设视图:该选项提供了常用的标准视图,如前视图、左视图等。

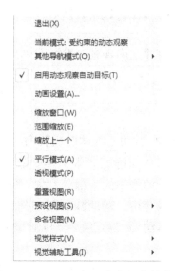

图 8-90 3DFORBIT 命令下右键菜单

视觉样式：提供了以下的模型显示方式。
三维隐藏：用三维线框表示模型并隐藏不可见线条。
三维线框：用直线和曲线表示模型。
概念：着色对象，效果缺乏真实感，但可以清晰地显示模型细节。
真实：对模型表面进行着色，显示已附着于对象的材质。

8.6.2 视觉样式

视觉样式用于改变模型在视口中的显示外观，它是一组控制模型显示方式的设置，这些设置包括面设置、环境设置、边设置等。面设置控制视口中面的外观，环境设置控制阴影和背景，边设置控制如何显示边。当选中一种视觉样式时，AutoCAD 在视口中按样式规定的形式显示模型。

AutoCAD 提供了以下 5 种默认的视觉样式，用户可在【视图】面板的【视觉样式】下拉列表中进行选择，如图 8-16 所示。

二维线框：以线框形式显示对象，光栅图像、线型及线宽均可见。
三维隐藏：以线框形式显示对象并隐藏不可见线条，光栅图像及线宽可见，线型不可见。
三维线框：以线框形式显示对象，同时显示着色的 UCS 图标，光栅图像、线型及线宽可见。
概念：对模型表面进行着色，着色时采用从冷色到暖色的过渡而不是从深色到浅色的过渡。效果缺乏真实感，但可以很清晰地显示模型细节。
真实：对模型表面进行着色，显示已附着于对象的材质。光栅图像、线型及线宽均可见。

8.7 上机实践

根据下图 8-91 所示三视图和尺寸，绘制机件的三维模型。

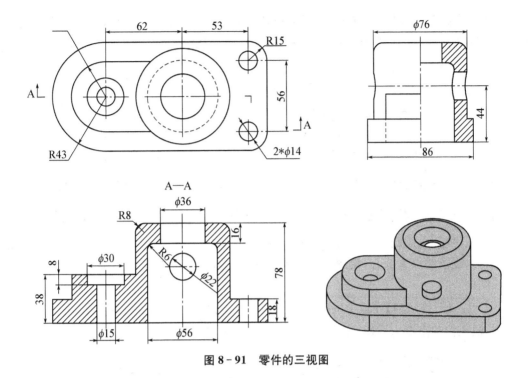

图 8-91 零件的三视图

8.7.1 绘制底板的三维模型

单击状态栏上的 按钮,弹出快捷菜单,选择【三维建模】命令,切换到三维建模空间。

(1) 在菜单浏览器中选择【视图】→【三维视图】→【俯视】,将视图切换到俯视界面。

(2) 在功能区的【绘图】面板中点击【矩形】工具按钮 ,按命令行提示,指定一个角点,然后输入"@130,86"回车,通过相对坐标确定另一角点,完成长130、宽86的矩形绘制。点击【绘图】面板中的【圆】工具按钮 ,捕捉矩形边长为86的边的中点,输入半径值为43,按回车键,完成圆的绘制。此时图形如图 8-92 所示。

(3) 点击【修改】面板中的【修剪】工具按钮 ,按回车键选择修剪对象,把图中多余线条修剪掉,修剪结果如图 8-93 所示。

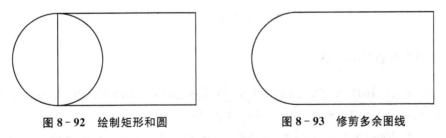

图 8-92 绘制矩形和圆　　　图 8-93 修剪多余图线

(4) 点击【绘图】面板中的【面域】按钮 ,选中图中所有线条,回车,创建一个面域。

(5) 点击【三维建模】面板中的【拉伸】按钮 ,按命令行的提示,选择所建的面域,按回车键,输入拉伸高度为18,完成拉伸实体,使用动态观察命令 查看模型,如图 8-94 所示。

（6）点击【修改】面板中的【修剪】工具按钮，按命令行提示，输入 R，回车；输入圆角半径15，回车；依次选中如所示 A，B 两条边，回车，完成如图 8-95 所示的圆角绘制。

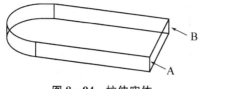

图 8-94　拉伸实体　　　　　　图 8-95　添加圆角

（7）点击【绘图】面板中的【圆】工具按钮，捕捉实体上表面大圆圆心和圆角圆心，绘制如图三个圆，其中大圆圆心处小圆直径为16，圆角处所画圆直径为14。使用直线工具绘制辅助线，捕捉大圆圆心，然后输入"@-62,0"，绘制一条起点为大圆圆心，长度为62的线段。再以线段终点为圆心，绘制一个直径为56的圆，模型如图 8-96 所示。此时可以把辅助线删掉。

（8）点击【三维建模】面板中的【拉伸】按钮，按命令行的提示，选择所画的四个圆按回车键，输入拉伸高度为-18，完成拉伸实体，如图 8-97 所示。

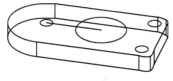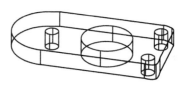

图 8-96　绘制辅助线和圆　　　　　图 8-97　对圆进行拉伸

（9）点击【实体编辑】面板中的差集命令按钮，按命令行提示，选择底板作为【要从中减去实体的对象】，按回车键，然后选择四个圆柱作为【要减去的实体】，回车，完成底板的三维模型。在【视图】面板中将【视觉样式】改为【概念】，其效果如图 8-98 所示。

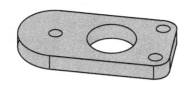

图 8-98　对圆柱体进行【差集】运算

8.7.2　绘制圆筒的三维模型

（1）点击【绘图】面板中的【圆】工具按钮，捕捉实体上表面大圆孔圆心，绘制两个圆，一个半径38，一个半径为28，作为圆筒圆柱体和圆孔的底圆。

（2）点击【三维建模】面板中的【拉伸】按钮，按命令行的提示，对这两个圆进行拉伸，半径38的圆拉伸深度为60，半径28的圆拉伸深度为44，如图 8-99 所示。

（3）点击【绘图】面板中的【圆】工具按钮，捕捉圆柱体上表面圆心，绘制一直径为36

的圆。点击【三维建模】面板中的【拉伸】按钮，按命令行的提示，对该圆进行拉伸，高度为－16。

（4）点击【实体编辑】面板中的并集命令按钮，按命令行的提示，选取底板和大圆柱体，将两者合并。然后点击差集命令按钮，选取组合体作为被修剪对象，按回车键，再选取两个小圆柱体，作为要减去的实体，按回车键。

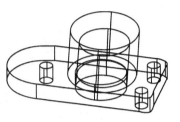

图 8-99 绘制两个圆柱体

（5）点击【修改】面板中的【修剪】工具按钮，按命令行提示，输入 R，回车；输入圆角半径 8，回车，选择图 8-100 中所示边线 C。用同样方法为边线 D 添加半径为 6 的圆角，效果如图 8-101 所示。

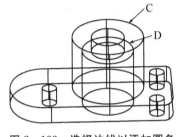

图 8-100 选择边线以添加圆角

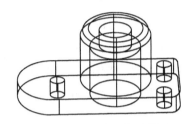

图 8-101 圆角添加后效果

8.7.3 绘制凸台的三维模型

（1）点击【绘图】面板中的【圆】工具按钮，捕捉底板上表面大圆弧圆心，绘制半径为 28 的圆；使用直线工具，捕捉所画圆的圆心作为起点，输入"@62,0"，绘制一条长度为 62 的辅助线；使用【圆】工具，捕捉所辅助线的终点作为圆心，绘制直径为 76 的圆；使用直线工具，捕捉小圆上、下象限点分别绘制水平直线与大圆相交，此时所绘图形如图 8-102 所示。使用【修剪】工具，将多余线条修剪掉，并将刚才所作的辅助线删除，最终图形如图 8-103 所示。

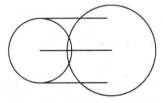

图 8-102 绘制凸台的辅助线

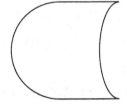

图 8-103 凸台轮廓

（2）点击【绘图】面板中的【面域】按钮，选中图中所有线条，回车，创建一个面域。点击【三维建模】面板中的【拉伸】按钮，按命令行的提示，对该面域进行拉伸，拉伸的深度为 20，如图 8-104 所示。点击【实体编辑】面板中的并集命令按钮，按命令行的提示，选取所建实体和底座，将其合为一体，如图 8-105 所示。

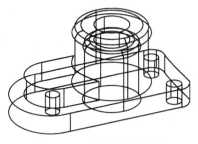
图 8-104　拉伸凸台实体

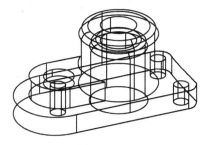
图 8-105　经【差集】和【并集】后的模型

（3）点击【绘图】面板中的【圆】工具按钮，捕捉凸台上圆弧的圆心作为圆心，绘制直径为 30 的圆，使用【拉伸】命令，拉伸出深度为-8 的圆柱体。再用【圆】工具捕捉新建的圆柱体底面的圆心作为圆心，绘制直径为 15 的圆，使用【拉伸】命令，输入拉伸深度为-12，拉伸出一个圆柱体，如图 8-104 所示。

（4）点击差集命令按钮，按命令行提示，选取实体总体作为【要从中减去实体的对象】，按回车，再选取刚才建立的两个圆柱体作为要减去的实体，按回车，完成差集运算，如图 8-105 所示。

8.7.4　绘制圆孔的三维模型

（1）在【视图】面板将视图方向改为【前视】，如图 8-106 所示。

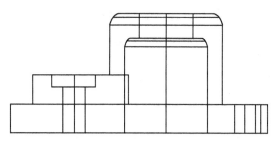
图 8-106　改为【前视】方向

（2）使用直线工具，捕捉底面上圆筒的轴线端点为第一点，输入"@0,44"回车，绘制长度为 44 的辅助线，并以辅助线的终点为圆心，用【圆】工具，绘制一个直径为 22 的圆，如图 8-107 所示。

（3）使用【拉伸】工具对该圆进行拉伸，拉伸的深度为 80，然后用【圆】工具，捕捉刚才所建圆柱体拉伸起点端面的圆心作为圆心，输入半径 11，绘制一个相同大小的圆。使用【拉伸】工具，再对该圆进行拉伸，这里注意拉伸方向，拉伸出高度为 80 的圆柱体，如图 8-108 所示。

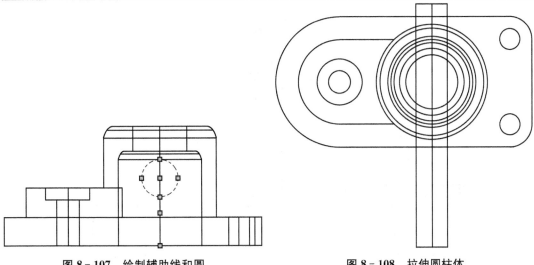

图 8-107　绘制辅助线和圆　　　　图 8-108　拉伸圆柱体

(4) 点击差集命令按钮，按命令行提示，选取实体总体作为【要从中减去实体的对象】，按回车，再选取刚才建立的两个圆柱体作为要减去的实体，按回车，完成差集运算，即可得到如图 8-92 所示模型。在【视图】面板中将【视觉样式】改为【概念】，其效果如图 8-109 所示。

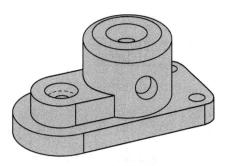

图 8-109　最终效果

习　题

习题 8-1　完成下列图示零件的造型。

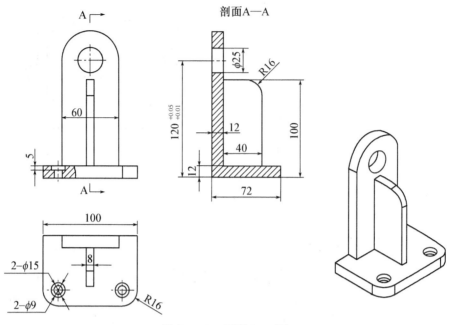

图 8-110 习题 8-1 图

习题 8-2 完成下列图示零件的造型。

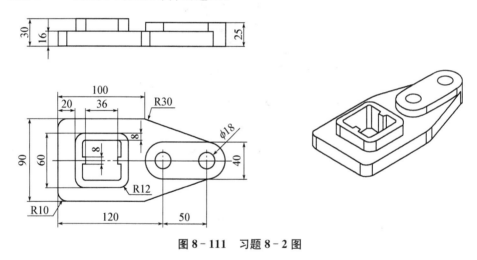

图 8-111 习题 8-2 图

习题 8-3 完成下列图示零件的造型。

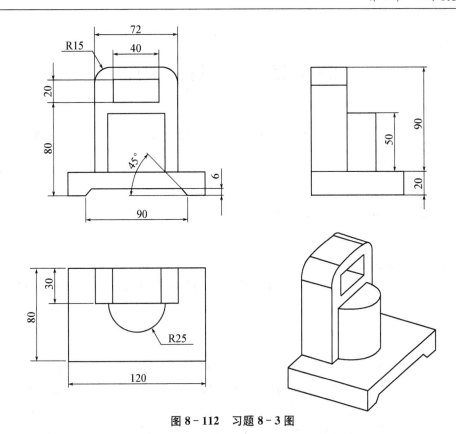

图 8-112 习题 8-3 图

习题 8-4 完成下列图示零件的造型。

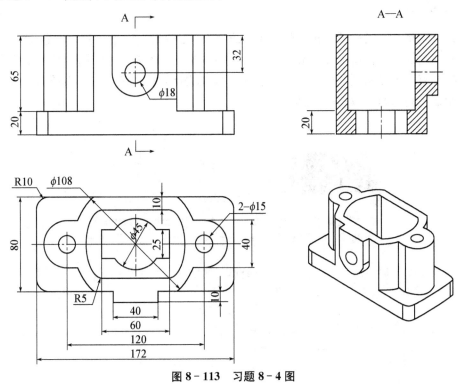

图 8-113 习题 8-4 图

第 9 章 布局与出图

本章主要介绍模型空间和图纸空间、布局、输出图形前的准备工作、配置绘图设备、页面设置、打印样式等内容。

9.1 模型空间和图纸空间

AutoCAD 中有两种不同的环境(或空间),可以从中创建图形对象,分别是模型空间和图纸空间,如图 9-1 所示,使用模型空间可以创建和编辑模型,使用图纸空间可以构造图纸和定义视图。

9.1.1 模型空间

模型空间是一个无限的三维绘图区域。在模型空间中,可以按 1∶1 的比例绘制模型。绘制模型时既可以绘制二维图形,也可以绘制三维图形。在模型空间内,可以查看并编辑模型空间对象。十字光标在整个绘图区域都处于激活状态。如果在模型空间输出图纸,一般应只涉及一个视图,否则应使用图纸空间。每个图形文件的模型空间只有一个。

9.1.2 图纸空间

图纸空间是由布局选项卡提供的一个二维空间,在图纸空间中,可以放置标题栏、创建用于显示视图的布局视口、标注图形以及添加注释,也可以绘制其他图形,但在图纸空间绘制的图形在模型不显示,所以一般不在该空间内创建图形,只在该空间输出图形。每个图形文件的图纸空间与布局数相同,可以有多个。

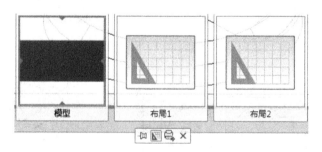

图 9-1

9.2 创建打印布局

9.1.1 布局圈

1. 命令功能

创建并修改图形布局选项卡。

2. 命令调用方式

(1) 执行【插入】→【布局】→【新建布局】菜单项。
(2) 单击【布局】工具栏上的【创建布局】按钮。
(3) 在命令行输入:LAYOUT。

3. 命令中各参数意义

执行【新建布局】命令后,命令行中出现的各参数含义如下:

【复制】用于复制布局;【删除】用于删除布局;【新建】用于创建新的布局选项卡;【样板】可基于样板创建新布局选项卡;【重命名】用于给布局重新命名,布局名必须唯一;【设置】用于设置当前布局;【?】可列出当前图形文件内所有布局。在【布局】选项卡名称上单击鼠标右键可以快捷地使用上述选项。

4. 命令应用

命令:LAYOUT。

执行布局命令。

输入布局选项[复制(C)/删除(D)/新建(N)/样板(T)/重命名(R)/另存为(SA)/设置(S)/?]<设置>:

选新建(N)项,输入新布局名(布局3)"123",输入新建布局名称命令执行完毕后,在绘图区下侧出现上步生成的布局名称。

9.2.2 布局向导

1. 命令功能

创建新的布局选项卡并指定页面和打印设置。

2. 命令调用方式

(1) 执行【插入】→【布局】→【布局向导】菜单项。
(2) 单击【布局】工具栏上的【创建布局】工具按钮。
(3) 在命令行输入:LAYOUTWIZARD。

3. 命令应用

执行【布局向导】命令,弹出【创建布局】对话框,如图9-2所示。根据实际需要依次对"布局名称"、"打印机"、"图纸尺

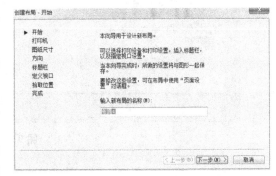

图 9-2

寸"、"方向"、"标题栏"、"定义视口"、"拾取位置"进行相应设置后即可完成新的布局创建。

4．说明

(1)通过【布局向导】可以快捷地创建新的布局,但更快捷的方式是直接利用已有图形中的布局。

(2)【布局向导】命令一般仅在新建布局时使用。

(3)【布局样板】命令也可以创建新的布局,而且这种命令的使用方式与【样板】与【向导】的使用方式基本相同,在此不作重复叙述。

9.3 输出图形前的准备工作

9.3.1 准备打印机

(1)打印机是否准备就绪,包括打印机驱动程序的安装、CAD 中的【选项】对话框中是否添加该打印机,如图 9-3 所示。

(2)打印机电源开关是否打开。

(3)打印机与计算机是否连接正确。

(4)打印机自检是否正确。

(5)打印纸张的尺寸、安装是否合乎要求。

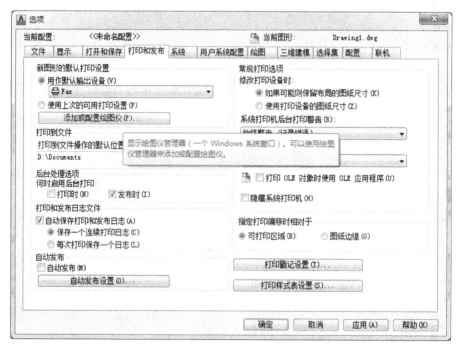

图 9-3

9.3.2 图形文件的准备

1. 图形文件的准备工作

(1) 检查图形文件内对象的图层归属是否正确。
(2) 检查对象图层的开关及冻结设置。
(3) 检查对象颜色的色号。
(4) 检查对象线型加载的正误。
(5) 检查对象线宽的设置是否合乎要求。
(6) 检查图框大小与纸张大小是否匹配。
(7) 比例的设置是否正确。

2. 说明

有以下情形时,对象不可打印:
(1) 关闭或冻结的图层内的对象。
(2) 打印设置为 Off 的图层内的对象。
(3) 彩色打印时,色号为 255 的对象。
(4) 定义点图层内的对象。

9.4 页面设置

9.4.1 页面设置管理器

1. 命令功能

控制每个新建布局的页面布局、打印设备、图纸尺寸和其他设置。

2. 命令调用方式

(1) 在【模型】或【布局】选项卡上单击鼠标右键后选择【页面设置管理器】。
(2) 执行【文件】→【页面设置管理器】菜单项。
(3) 在命令行输入:PAGESETUP。

3.【页面设置管理器】对话框

执行【页面设置管理器】命令后,会弹出【页面设置管理器】对话框,如图 9-4 所示。对话框内各项含义如下:

(1)【页面设置】区用于显示当前页面设置、将另一个不同的页面设置置为当前、创建新的页面设置、修改现有页面设置以及从其他图纸中输入页面设置。其中:【当前页面设置】显示应用于当前布局的页面设置;【页面设置列表】列出可应用于当前

图 9-4

布局的页面设置,或列出发布图纸集时可用的页面设置;【置为当前】将所选页面设置为当前布局的当前页面设置;【新建】显示【新建页面设置】对话框;【修改】显示【页面设置】对话框;【输入】显示【从文件选择页面设置】对话框。

(2)【选定页面设置的详细信息】区用于显示所选页面设置的信息。其中:【设备名】显示当前所选页面设置中指定的打印设备的名称;【绘图仪】显示当前所选页面设置中指定的打印设备的类型;【打印大小】显示当前所选页面设置中指定的打印大小和方向;【位置】显示当前所选页面设置中指定的输出设备的物理位置;【说明】显示当前所选页面设置中指定的输出设备的说明文字。

(3)【创建新布局时显示】开关用于指定当选中新的布局选项卡或创建新的布局时,显示【页面设置】对话框。

9.4.2 新建页面设置

1. 命令功能

创建新的页面设置。

2. 命令调用方式

单击【页面设置管理器】对话框内的【新建】按钮。

3.【新建页面设置】对话框

单击图 9-4 中的【新建】按钮,弹出【新建页面设置】对话框,如图 9-5 所示。对话框内各项含义如下:

(1)【新页面设置名】用于输入新创建的页面设置名称。

(2)【基础样式】区用于指定新创建的页面设置是基于哪种样式创建,默认的选项有"无"、"默认输出设备"、"上一次打印"和"模型(或布局)"等项。

图 9-5

9.4.3 页面设置对话框

1. 命令功能

创建或修改【模型】或【布局】的页面设置。

2. 命令调用方式

(1) 在【模型】或【布局】选项卡上单击鼠标右键后选择【页面设置管理器】。
(2) 单击【布局】工具栏上的【页面设置】工具按钮。
(3) 执行【文件】→【页面设置管理器】菜单项。
(4) 在命令行输入：PAGESETUP。

3. 【页面设置】对话框

执行【页面设置】命令，弹出【页面设置】对话框，如图9-6所示。对话框内各项含义如下：

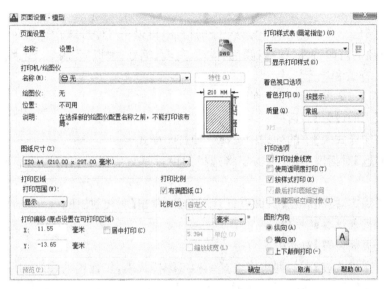

图 9-6

(1) 【页面设置】区用于显示当前页面设置的名称。

(2) 【打印机/绘图仪】区用于指定打印或发布布局或图纸时使用的已配置的打印设备。其中，【特性】用于修改绘图仪配置。

(3) 【图纸尺寸】区用于显示所选打印设备可用的标准图纸尺寸。

(4) 【打印区域】区用于指定要打印的图形区域。在【打印范围】下，可以选择要打印的图形区域。其中：【范围】项打印包含对象的图形的部分当前空间；【布局】选项卡为当前视口中的视图或布局选项卡上当前图纸空间视图中的视图；【窗口】项打印为窗口圈住的图形部分。

(5) 【打印偏移】区指定打印区域相对于可打印区域左下角或图纸边界的偏移。其中：【居中打印】项可在图纸上居中打印；【X】与【Y】项分别指定X,Y方向上的打印原点。

(6) 【打印比例】区用于控制图形单位与打印单位之间的相对尺寸。其中：【布满图纸】缩放打印图形以布满所选图纸尺寸；【比例】定义打印的精确比例。

(7) 【打印样式表(笔指定)】区用于设置、编辑打印样式表，或者创建新的打印样式表。

(8) 【着色视口选项】用于指定着色和渲染视口的打印方式。其中：【着色打印】项指定视图的打印方式。

(9) 【打印选项】区用于指定线宽、打印样式、着色打印和对象的打印顺序等选项。其中：【打印对象线宽】指定是否打印为对象或图层指定的线宽；【按样式打印】指定是否打印应用于对象和图层的打印样式;【最后打印图纸空间】首先打印模型空间几何图形;【隐藏图纸空间对象】指定消隐操作是否应用于图纸空间视口中的对象。

(10)【图形方向】区为支持纵向或横向的绘图仪指定图形在图纸上的打印方向。其中:【纵向】与【横向】用于控制图层在图纸中的相对朝向。

(11)【预览】按钮用于对打印前的图形文件进行打印效果的预览。

9.4.4 打印样式

1. 打印样式概述

与线型和颜色一样,打印样式也是对象的特性,可以将打印样式指定给对象或图层。打印样式控制对象的打印特性,包括:颜色、抖动、灰度、笔号、虚拟笔、淡显、线、线宽、线条端点样式、线条连接样式和填充样式。

2. 为【布局】指定打印样式表的步骤

(1) 打开【页面设置】对话框。

(2) 在【打印样式表】下的列表中选择一种打印样式表。

(3) 在【问题】对话框中,根据需要将选择的设置是只应用于当前选项卡还是应用于所有布局。

(4) 单击【确定】按钮后在【页面设置管理器】中单击【关闭】按钮。

3. 打印样式表编辑的步骤

(1) 打开【页面设置】对话框。

(2) 在【打印样式表】下的列表中选择一种打印样式表,较常用的是 acad.stb。

(3) 单击【编辑】按钮,弹出【打印样式表编辑器】对话框,如图 9-7 所示。根据需要进行特性或【表视图】与【表格视图】选项卡的修改。

(4) 修改完成后,单击【保存并关闭】按钮。

图 9-7

(5) 在【页面设置管理器】中单击【关闭】按钮。

9.5 上机实践

在模型空间用窗口选择法打印螺杆的零件图,图幅 A4。
操作方法:
(1) 在标准工具条选择【打印】,打开【打印-模型】对话框。
(2) 在【页面名称】找到文件名为"7-2 起重螺杆.dwg"的零件图。如图 9-8 所示。
(3) 在【打印机/绘图仪】下选择使用的打印机型号。
(4) 在【图纸尺寸】下选择 A4,在【图形方向】下选择"横向",打印比例选"布满图纸"。
(5) 在【打印范围】下选择"窗口"。

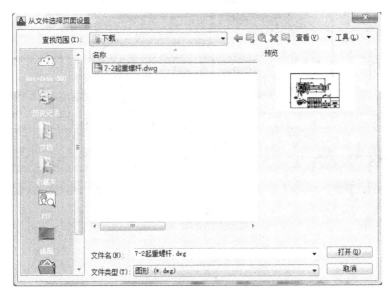

图 9-8

(6) 用窗口套住 7-2 起重螺杆零件图的图框,如图 9-9 所示,单击预览,确定无误后单击确定。最终打印结果如图 9-10 所示。

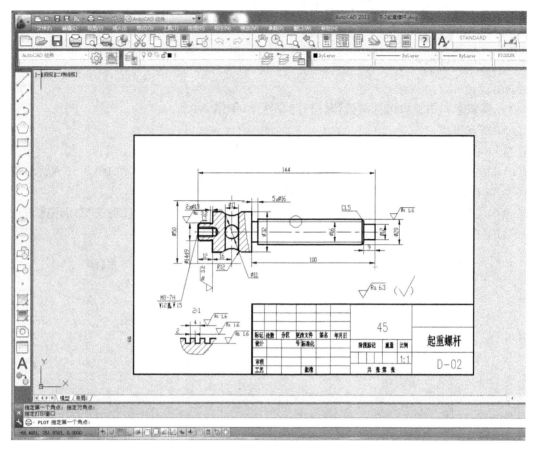

图 9-9

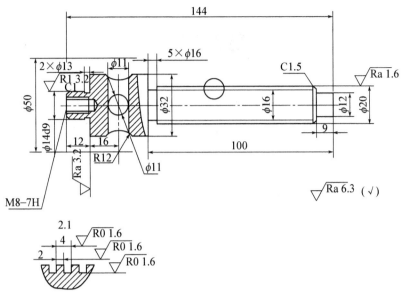

图 9-10

习 题

习题 9-1 熟悉【打印】对话框中各主要选项的功能及其设置。
习题 9-2 将本书习题中的图样打印出来。

参考文献

[1] 崔洪斌. AutoCAD 2013 中文版实用教程[M]. 北京:人民邮电出版社,2013
[2] 张云辉. AutoCAD 2013 中文版实用教程[M]. 北京:科学出版社,2013